中国社会科学院创新工程学术出版资助项目

国家社科基金重大特别委托项目
西藏历史与现状综合研究项目

中国社会科学院创新工程学术出版资助项目

国家社科基金重大特别委托项目
西藏历史与现状综合研究项目

西藏园林植物生态环境
效益定量研究

邢震 著

社会科学文献出版社
SOCIAL SCIENCES ACADEMIC PRESS (CHINA)

西藏历史与现状综合研究项目
编 委 会

名誉主任　江蓝生

主　　任　郝时远

副 主 任　晋保平

成　　员　（按姓氏音序排列）

旦增伦珠　尕藏加　郝时远　何宗英

胡　岩　江蓝生　晋保平　刘晖春

马加力　石　硕　宋月华　苏发祥

许德存（索南才让）许广智　杨　群

扎　洛　张　云　仲布·次仁多杰

周伟洲　朱　玲

总　序

郝时远

　　中国的西藏自治区，是青藏高原的主体部分，是一个自然地理、人文社会极具特色的地区。雪域高原、藏传佛教彰显了这种特色的基本格调。西藏地区平均海拔 4000 米，是人类生活距离太阳最近的地方；藏传佛教集中体现了西藏地域文化的历史特点，宗教典籍中所包含的历史、语言、天文、数理、哲学、医学、建筑、绘画、工艺等知识体系之丰富，超过了任何其他宗教的知识积累，对社会生活的渗透和影响十分广泛。因此，具有国际性的藏学研究离不开西藏地区的历史和现实，中国理所当然是藏学研究的故乡。

　　藏学研究的历史通常被推溯到 17 世纪西方传教士对西藏地区的记载，其实这是一种误解。事实上，从公元 7 世纪藏文的创制，并以藏文追溯世代口传的历史、翻译佛教典籍、记载社会生活的现实，就是藏学研究的开端。同一时代汉文典籍有关吐蕃的历史、政治、经济、文化、社会生活及其与中原王朝互动关系的记录，就是中国藏学研究的本土基础。现代学术研究体系中的藏学，如同汉学、东方学、蒙古学等国际性的学问一样，曾深受西学理论和方法的影响。但是，西学对中国的研究也只能建立在中国历史资料和学术资源基础之上，因为这些历史资料、学术资源中所蕴含的不仅是史实，而且包括了古代记录者、撰著者所依据的资料、分析、解读和观念。因此，中国现代藏学研究的发展，不仅需要参考、借鉴和吸收西学的成就，而且必须立足本土的传统，光大中国藏学研究的中国特色。

作为一门学问，藏学是一个综合性的学术研究领域，"西藏历史与现状综合研究项目"即是立足藏学研究综合性特点的国家社会科学基金重大特别委托项目。自 2009 年"西藏历史与现状综合研究项目"启动以来，中国社会科学院建立了项目领导小组，组成了专家委员会，制定了《"西藏历史与现状综合研究项目"管理办法》，采取发布年度课题指南和委托的方式，面向全国进行招标申报。几年来，根据年度发布的项目指南，通过专家初审、专家委员会评审的工作机制，逐年批准了一百多项课题，约占申报量的十分之一。这些项目的成果形式主要为学术专著、档案整理、文献翻译、研究报告、学术论文等类型。

承担这些课题的主持人，既包括长期从事藏学研究的知名学者，也包括致力于从事这方面研究的后生晚辈，他们的学科背景十分多样，包括历史学、政治学、经济学、民族学、人类学、宗教学、社会学、法学、语言学、生态学、心理学、医学、教育学、农学、地理学和国际关系研究等诸多学科，分布于全国 23 个省、自治区、直辖市的各类科学研究机构、高等院校。专家委员会在坚持以选题、论证等质量入选原则的基础上，对西藏自治区、青海、四川、甘肃、云南这些藏族聚居地区的学者和研究机构，给予了一定程度的支持。这些地区的科学研究机构、高等院校大都具有藏学研究的实体、团队，是研究西藏历史与现实的重要力量。

"西藏历史与现状综合研究项目"具有时空跨度大、内容覆盖广的特点。在历史研究方面，以断代、区域、专题为主，其中包括一些历史档案的整理，突出了古代西藏与中原地区的政治、经济和文化交流关系；在宗教研究方面，以藏传佛教的政教合一制度及其影响、寺规戒律与寺庙管理、僧人行止和社会责任为重点，突出了藏传佛教与构建和谐社会的关系；在现实研究方面，则涉及政治、经济、文化、社会和生态环境等诸多领域，突出了跨越式发展和长治久安的主题。

在平均海拔 4000 米的雪域高原，实现现代化的发展，是中国改革开放以来推进经济社会发展的重大难题之一，也是没有国际经验可资借鉴的中国实践，其开创性自不待言。同时，以西藏自治区现代化为主题的经济社会发展，不仅面对地理、气候、环境、经济基础、文化特点、社会结构等特殊性，而且面对境外达赖集团和西方一些所谓"援藏"势力制造的"西藏问题"。因此，这一项目的实施也必然包括针对这方面的研究选题。

所谓"西藏问题"是近代大英帝国侵略中国、图谋将西藏地区纳入其殖民统治而制造的一个历史伪案，流毒甚广。虽然在一个世纪之后，英国官方承认以往对中国西藏的政策是"时代错误"，但是西方国家纵容十四世达赖喇嘛四处游说这种"时代错误"的国际环境并未改变。作为"时代错误"的核心内容，即英国殖民势力图谋独占西藏地区，伪造了一个具有"现代国家"特征的"香格里拉"神话，使旧西藏的"人间天堂"印象在西方社会大行其道，并且作为历史参照物来指责 1959 年西藏地区的民主改革、诋毁新西藏日新月异的现实发展。以致从 17 世纪到 20 世纪上半叶，众多西方人（包括英国人）对旧西藏黑暗、愚昧、肮脏、落后、残酷的大量实地记录，在今天的西方社会舆论中变成讳莫如深的话题，进而造成广泛的"集体失忆"现象。

这种外部环境，始终是十四世达赖喇嘛及其集团势力炒作"西藏问题"和分裂中国的动力。自 20 世纪 80 年代末以来，随着前苏联国家裂变的进程，达赖集团在西方势力的支持下展开了持续不断、无孔不入的分裂活动。达赖喇嘛以其政教合一的身份，一方面在国际社会中扮演"非暴力"的"和平使者"，另一方面则挑起中国西藏等地区的社会骚乱、街头暴力等分裂活动。2008 年，达赖集团针对中国举办奥运会而组织的大规模破坏活动，在境外形成了抢夺奥运火炬、冲击中国大使馆的恶劣暴行，在境内制造了打、砸、烧、杀的严重罪行，其目的就是要使所谓"西藏问题"弄假成真。而一些西方国家对此视而不见，则大都出于"乐观其成"的"西化""分化"中国的战略意图。其根本原因在于，中国的经济社会发展蒸蒸日上，西藏自治区的现代化进程不断加快，正在彰显中国特色社会主义制度的优越性，而西方世界不能接受中国特色社会主义取得成功，达赖喇嘛不能接受西藏地区彻底铲除政教合一封建农奴制度残存的历史影响。

在美国等西方国家的政治和社会舆论中，有关中国的议题不少，其中所谓"西藏问题"是重点之一。一些西方首脑和政要时不时以会见达赖喇嘛等方式，来表达他们对"西藏问题"的关注，显示其捍卫"人权"的高尚道义。其实，当"西藏问题"成为这些国家政党竞争、舆论炒作的工具性议题后，通过会见达赖喇嘛来向中国施加压力，已经成为西方政治作茧自缚的梦魇。实践证明，只要在事实上固守"时代错误"，所谓"西藏问题"的国际化只能导致搬石砸脚的后果。对中国而言，内因是变化的依据，外因是变化的条件这一哲学原理没有改变，推进"中国特色、西藏特点"现代化建设的时间表是由中国确定的，中国具备抵御任何外部势力破坏国家统一、民族团结、社会稳定的能力。从这个意义上说，本项目的实施不仅关注了国际事务中的涉藏斗争问题，而且尤其重视西藏经济社会跨越式发展和长治久安的议题。

在"西藏历史与现状综合研究项目"的实施进程中，贯彻中央第五次西藏工作座谈会的精神，落实国家和西藏自治区"十二五"规划的发展要求，是课题立项的重要指向。"中国特色、西藏特点"的发展战略，无论在理论上还是实践中，都是一个现在进行时的过程。如何把西藏地区建设成为中国"重要的国家安全屏障、重要的生态安全屏障、重要的战略资源储备基地、重要的高原特色农产品基地、重要的中华民族特色文化保护地、重要的世界旅游目的地"，不仅需要脚踏实地的践行发展，而且需要科学研究的智力支持。在这方面，本项目设立了一系列相关的研究课题，诸如西藏跨越式发展目标评估，西藏民生改善的目标与政策，西藏基本公共服务及其管理能力，西藏特色经济发展与发展潜力，西藏交通运输业的发展与国内外贸易，西藏小城镇建设与发展，西藏人口较少民族及其跨越式发展等研究方向，分解出诸多的专题性研究课题。

注重和鼓励调查研究，是实施"西藏历史与现状综合研究项目"的基本原则。对西藏等地区经济社会发展的研究，涉面甚广，特别是涉及农村、牧区、城镇社区的研究，都需要开展深入的实地调查，课题指南强调实证、课题设计要求具体，也成为这类课题立项的基本条件。在这方面，我们设计了回访性的调查研究项目，即在 20 世纪五六十年代开展的藏区调查基础上，进行经济社会发展变迁的回访性调查，以展现半个多世纪以来这些微观社区的变化。这些现实性的课题，广泛地关注了经济社会的各个领域，其中包括人口、妇女、教育、就业、医疗、社会保障等民生改善问题，宗教信仰、语言文字、传统技艺、风俗习惯等文化传承问题，基础设施、资源开发、农牧业、旅游业、城镇化等经济发展问题，自然保护、退耕还林、退牧还草、生态移民等生态保护问题，等等。我们期望这些陆续付梓的成果，能够从不同侧面反映西藏等地区经济社会发展的面貌，反映藏族人民生活水平不断提高的现实，体现科学研究服务于实践需求的智力支持。

如前所述，藏学研究是中国学术领域的重要组成部分，也是中华民族伟大复兴在学术事业方面的重要支点之一。"西藏历史与现状综合研究项目"的实施涉及的学科众多，它虽然以西藏等藏族聚居地区为主要研究对象，但是从学科视野方面进一步扩展了藏学研究的空间，也扩大了从事藏学研究的学术力量。但是，这一项目的实施及其推出的学术成果，只是当代中国藏学研究发展的一个加油站，它在一定程度上反映了中国藏学研究综合发展的态势，进一步加强了藏学研究服务于"中国特色、西藏特点"

的发展要求。但是，我们也必须看到，在全面建成小康社会和全面深化改革的进程中，西藏实现跨越式发展和长治久安，无论是理论预期还是实际过程，都面对着诸多具有长期性、复杂性、艰巨性特点的现实问题，其中包括来自国际层面和境外达赖集团的干扰。继续深化这些问题的研究，可谓任重道远。

在"西藏历史与现状综合研究项目"进入结项和出版阶段之际，我代表"西藏历史与现状综合研究项目"专家委员会，对全国哲学社会科学规划办公室、中国社会科学院及其项目领导小组几年来给予的关心、支持和指导致以崇高的敬意！对"西藏历史与现状综合研究项目"办公室在组织实施、协调联络、监督检查、鉴定验收等方面付出的努力表示衷心的感谢！同时，承担"西藏历史与现状综合研究项目"成果出版事务的社会科学文献出版社，在课题鉴定环节即介入了这项工作，为这套研究成果的出版付出了令人感佩的努力，向他们表示诚挚的谢意！

2013 年 12 月北京

目 录

前　言

西藏自治区位于 N26°50′~36°53′，E78°25′~99°06′，地处中国西南边疆，是青藏高原的主体。西藏地势高峻，地理环境特殊，野生动植物资源、水资源和矿产资源丰富，素有"世界屋脊"和"地球第三极"之称；这里不仅是南亚、东南亚地区的"江河源"和"生态源"，还是中国乃至东半球气候的"启动器"和"调节区"。

西藏自治区面积约 123 万 km²，常住人口 3002166 人〔国家统计局第六次全国人口普查主要数据公报（第 2 号），2011〕，大体可分为三个不同的自然区：北部是藏北高原，位于昆仑山、唐古拉山和冈底斯山、念青唐古拉山之间，占全自治区面积的 2/3；在冈底斯山和喜马拉雅山之间，即雅鲁藏布江及其支流流经的地方，属藏南谷地；藏东是高山峡谷区，为一系列由东西走向逐渐转为南北走向的高山深谷，系著名的横断山脉的一部分。西藏自治区平均海拔 4000m 以上，与中国大部分地区相比，具有空气稀薄，日照充足，气温较低，降水较少的特点，尤其是空气中的 O_2 浓度较低（各地区行署驻地 O_2 体积比 11.7%~14.49%），仅相当于平原地区的 55.98%~69.33%。同时，随着当前全球生态环境的恶化，西藏脆弱的生态首当其冲，泥石流、山体滑坡、水土流失、雪灾等自然灾害时有发生，土地沙化正在威胁着西藏的生态环境。据全国第三次荒漠化监测（2005），西藏土地沙化面积 $2168 \times 10^4 hm^2$，约占全自治区面积的 18%，居全国第三位，并且呈急剧扩展态势。西藏地域广阔，地质环境复杂，经济运行成本高，造林绿化难度很大。受高原特殊气候的影响，西藏的生态环境极为脆弱，一旦破坏很难恢复，甚至不能恢复。

20 世纪 50 年代以前的旧西藏，长期处于封建农奴制的统治之下，生产力发展水平极其低下，基本处于被动适应自然条件和对自然资源的单向索取状态，根本谈不上对西藏生态环境客观规律的认识，也谈不上生态建设和环境保护。西藏生态建设和环境保护起步于西藏和平解放以后，并随着西藏现代化建设的发展而得到发展。1990 年，中央已经批准实施了以改善生态环境为重点的"一江两河"（雅鲁藏布江、拉萨河、年楚河）中部流域农业综合开发工程项目，努力改善农牧民生存的生态环境（《西藏的生态建设与环境保护》白皮书，2003）；此后，用于西藏生态环境保护与建设的投入也不断加大，其中："十五"期间，中央和自治区用于西藏生态环境保护与建设的投资达 24 亿元。2007 年国务院批准的 180 个西藏"十一五"规划项目中，仅生态环保与建设的项目就占 23 个，投资达到 64.2 亿元。"十一五"期间，国家又投入 100 多亿元资金构筑西藏高原生态安全屏障。通过对西藏天然林资源的有效保护和植树造林，西藏的森林覆盖率不断增加，从 20 世纪 50 年代不足 1%，到 2003 年上升为 5.93%，2007 年继续攀升到 11.3%，对生态环境改善起到了积极作用。据 2003 年有关部门的监测，由于人工植被增加，西藏的扬尘天气明显减少，如拉萨比 30 年前减少了 32d；日喀则比 30 年前减少了 34d；泽当比 30 年前减少了 32d（中国绿化基金会就西藏生态建设项目答新华社记者问，2008）。同时，根据《西藏自治区第四次荒漠化和沙化监测报告》（2010）报道：截至 2009 年底，西藏自治区土地沙化面积缩减为 $2161.86 \times 10^4 \text{hm}^2$，同第三次监测结果相比，5 年内年均减少面积约 $1.31 \times 10^4 \text{hm}^2$，扩展速率为 -0.06，土地沙化扩展的态势得到了初步遏制，原先一些受沙害影响严重的区域，经治理也得到了根本的改善。为进一步巩固造林绿化成果，西藏自治区"十二五"规划纲要（2011 ~ 2015）中再次提出生态环境进一步改善的目标，明确提出了"耕地保有量保持在 3540km^2，主要江河湖泊水质、城镇空气质量保持优良，天然林、原生植被得到有效保护，新增人工林地 2600km^2，重点地区土地、草场沙化退化和水土流失状况得到明显遏制"的目标。

在荒山造林、荒漠化防治、矿山生态恢复、流域生态治理、湿地保护以及自然保护区建设的同时，西藏各地区城市园林绿化建设取得了辉煌的成绩，并已经开始建设绿地系统，如拉萨市从 2006 年起，树立了建设、实现西藏首个"国家生态园林城市"的目标，并于 2009 年 4 月被授予自治区首个园林城市。截至 2010 年，拉萨市建成区绿地率提高了2.14%，达到 32.41%，绿化覆盖率提高了 4.64%，达到 35%，人均公共绿地面积达到 9.82m²；"园林式单位"和"园林式居住（小）区"达到133 个；城市常见园林植物新增 43 种，达到 81 种（含草本花卉）；本地植物指数 0.80，综合物种指数 0.72；全市生态环境建设完成造林 69.7 × 10⁴亩有余，每年完成封山造林 20 × 10⁴ 亩，全民义务植树尽责率达到 85%；大气污染指数小于 100 的天数为 359d，优良率约 98.4%。园林植物对提高城市生态的质量具有关键的作用。但是，由于特殊的地理位置和社会历史条件，在西藏开展创建国家园林城市工作要比内地城市克服更多的困难：一是自然条件恶劣，空气含氧量偏低，扬尘天气较多，日照时间长，水分蒸发量很高，不利于城市绿化的建设和管护；二是虽然市民整体素质在不断提高，文明意识在不断加强，但是破坏城市绿化成果和公共设施的行为还时有发生，给城市管理和养护工作增加了许多人为的困难；三是特殊的社会环境滞后了一些创建工作，特别是 2008 年"3·14"事件后，很多单位和小区加强了安全保卫工作，给公园建设用地落实和"拆墙透绿"工作增加了更多困难；四是资金短缺，由于拉萨经济基础比较薄弱，财政收入很低，"创园"项目所需的很多资金都是通过银行贷款解决的。因此，要达到"十二五"规划的生态环境建设目标，就需要对园林植物进行科学、系统的研究，搞清所选植物的生理生态特性，了解选用植物的生态效益，使园林绿化产生最佳的社会效益和生态效益。

　　园林植物是城镇人居环境建设的主要植物材料，其生态效益不但关系到整个西藏生态环境质量的提高，更直接关系到城市绿色生态环境的质量和水平。提高城市绿地的质量和水平，关键在于对园林植物进行科学、系统的研究，搞清园林植物的生理生态特性，了解选用植物的生态环境效益，实现因地制宜地选择、配置园林植物，保证城市绿色生态环境质量，使城市绿地产生最佳的生态效益和社会效益。

第一章 西藏园林植物生态效益及研究方法

　　生态效益是指人们在生产中依据生态平衡规律，使自然界的生物系统对人类的生产、生活条件和环境条件产生的有益影响和有利效果，它关系到人类生存发展的根本利益和长远利益。生态效益的基础是生态平衡和生态系统的良性、高效循环。园林植物生态效益研究，就是要使园林植物群落生态系统各组成部分在物质与能量输入输出的数量上、结构功能上，经常处于相互适应、相互协调的平衡状态，使园林植物资源得到合理的开发、利用和保护，促进园林植物持续、稳定发展，保证城市绿色生态环境质量，使城市绿地产生最佳的生态效益和社会效益（刘常富，2003）。园林植物生态效益包括碳氧平衡、降温增湿、减尘滞尘、杀菌减菌及吸收有害气体、净化空气等多方面。普遍认为：城市中的园林植物通过一系列的生理生化反应达到固碳释氧、降温增湿、减尘滞尘、杀菌减菌的生态效应，给城市绿色生态系统以反馈，起到提高空气含氧量、净化城市空气、改善城市气候、增强城市抗灾能力的作用。西藏立地条件下开展园林植物的生态环境效益研究，不但可以填补园林植物在高寒环境条件下生理生态效益指标匮乏的空白，更能够为西藏城市绿色生态环境建设中的植物配置提供理论依据，并为垂直海拔带上进行园林植物生态环境效益的对比研究提供本底数据。

　　为推动西藏园林树种生态效益的研究，我们从园林植物的固碳释氧能力、降温增湿能力、减尘滞尘能力、杀菌减菌能力等方面进行了研究方法探寻，并进行了比较和评估，以期为西藏各个地区园林植物的生态效益之研究方法的选择和筛选提供论据。

第一节　园林植物生态效益

　　园林植物（Landscape plants）是指一切适用于园林绿化（从室内花卉装饰到风景名胜区绿化）的植物材料的统称（陈有民，1990）。因此，园林植物就成了广义的花卉——既包含木本花卉也包括草本花卉；既有观花植物（即狭义的花卉），也有观叶·、观果、观姿类植物等，以及适用于园林绿地和风景名胜区的若干保护植物（环境植物）和经济植物。现在我们用"园林植物"一词来概括园林绿化所有的一切植物材料。其中，发挥卫生防护功能的植物材料，特称"防护植物"，例如，西藏习见栽培的防护林树种北京杨 *Populus × beijingensis*、新疆杨 *Populus alba* var. *pyramidalis*、银白杨 *Populus alba*、白柳 *Salix alba* 等；以观赏为主或者"纯观赏"的植物材料特称"观赏植物"，如：西藏城市绿化中常见应用的紫叶李 *Prunus cerasifera* f. *atropurpurea*、山樱花 *Prunus serrulata*、鸡爪槭（红枫）*Acer palmatum*、大叶黄杨（冬青卫矛）*Euonymus japonicus* 等；以经济生产为主的植物材料称为"经济植物"，例如，在拉萨、林芝栽培广泛的苹果 *Malus pumila*、卵果秋子梨（苹果梨）*Pyrus ussuriensis* var. *ovoidea*、光核桃 *Prunus mira* 等；此外，还包括蕨类、水生植物、仙人掌类、多浆类、食虫类等多种西藏室内栽培的植物种类，如金琥 *Echinocactus grusonii*、黄蝉兰 *Cymbidium iridioides*、吊兰 *Chlorophytum comosum*、蟆叶秋海棠 *Begonia rex* 等（蔷薇科植物拉丁学名描述中，李属植物按照《中国植物志》要求应划分为：桃属 *Amygdalus*、杏属 *Armeniaca*、李属 *Prunus*、樱桃属 *Cerasus*、稠李属 *Padus*、桂樱属 *Laurocerasus* 等 6 个小属。本文为便于查询、统计，采用大属概念，均列入李属 *Prunus* 中）。

　　当然，采用这样的区分并非绝对，这种界限甚至是无法确定的。例如：部分观赏价值较高的蔬菜、果树、药用植物、经济树种或者造林树种，也常在园林植物范畴之中，常见的植物有：龙胆 *Gentiana* spp.、悬铃木 *Platanus acerifolia*、柳 *Salix* spp. 等。

　　园林植物的生态效益，随其种类、大小及形态而不同。具体来讲，园林植物的生态效益主要有以下几种。

一 美化环境，丰富区域植被种群

园林植物在美化环境、促进人居环境健康方面起着重要的作用。各种植物以其花叶的不同形态、色彩和风格丰富城市建筑群体轮廓，美化市容，衬托建筑，增加艺术效果，达到城市环境的统一性和多样性；同时，城市绿化还可以遮挡有碍观瞻的景色，使城市面貌更加整洁。当然，随着园林植物的多途径选育，适应于不同城镇小气候的园林植物种类逐渐丰富，使得在各种类型的立地条件下均可以种植园林植物，使美化环境的理想成为可能。例如，1999 年引入西藏的耐阴园林植物玉簪 *Hosta plantaginea*，2007 年开始在拉萨、山南、林芝大面积应用的红叶石楠 *Photinia×fraseri*，2001 年开始在拉萨、林芝应用的高丛珍珠梅 *Sorbaria arborea* 等就是最好的佐证。目前，西藏园林植物种类已经达到 96 科 214 属 418 种，这些园林植物不但美化了环境，更极大地丰富了西藏城镇植被种群结构。

同时，室内栽培的园林植物不但能够美化生活环境，也会给居室带来芳香，使人放松，精神愉快。常见适于室内种植、摆放的芳香植物有：桂花 *Osmanthus fragrans*、蜡梅 *Chimonanthus praecox*、紫罗兰 *Matthiola incana*、茉莉花 *Jasminum sambac*、石竹 *Dianthus chinensis* 等。

二 固碳释氧，制造氧气及负离子

园林植物通过光合作用固定太阳能，吸收 CO_2，并释放大量 O_2，对维护城市碳氧平衡有重要作用，是地球碳循环中的一个重要储存库。在现代化的城镇中，人口密集，高楼如林，如果没有绿色植物的保护，空气中的 CO_2 不断增加，O_2 比例降低，就会给人的身心健康带来巨大损害。在海拔高、空气稀薄的青藏高原，植物制造 O_2 的生态功能显得尤为重要。

众所周知，随着海拔的升高，大气压力呈直线下降的趋势，而干燥空气是均匀混合的，各种空气气体成分的混合比例不随海拔变化（Zumbrun et al.，1983），所以，在同等环境条件下，随着海拔的升高，空气逐渐稀薄，相对于海平面处的相对 O_2 含量必然逐步降低。例如，在海平面处大气压为 1013hPa，而在海拔 2600m 处降为 750hPa，对应可以计算出 2600m 处空气中 O_2 含量仅为海平面 O_2 含量的 74.04%，即相对 O_2 浓度仅为 15.47%，已经处于缺乏状态。在林芝地区八一镇（海拔 3000m）测定树种的光合作用过程中，Licor－6400 便携式光合作用测定系统测定出当地的大气压为 702.5hPa，即相对 O_2 浓度仅为 14.49%，这对在高原上生活、生产的人群极其不利。而通过园林植物的大量栽培，能够在小区域空气中于一定范围内提高相对 O_2 含量也是不争的事实。

表 1－1　密闭空间中，O_2 浓度对人体及环境的影响

O_2 浓度（体积比%）	影响（在 1 个标准大气压下）
>23.5	O_2 富余，有火灾隐患
20.9	O_2 浓度同大气中含氧量一样
19.5	O_2 最小允许值
15~19	呼吸困难、降低工作效率，并可导致头部、肺部和循环系统问题
10~15	呼吸急促，判断力下降，嘴唇发紫
8~10	智力丧失，昏厥，无知觉，脸色苍白，嘴唇发紫，恶心呕吐
6~8	8min 后致命；50% 的人可能在 6min 内致命；需要 4~5min 才能恢复
4~6	40s 内抽搐，呼吸停止，死亡

注：美国职业安全和健康协会密闭空间进入标准 OSHA 29CFR 1910.146（1993）；空气中 O_2 浓度低于 19.5% 为 O_2 缺乏，高于 23.5% 为 O_2 富余；以上评估数据为近似数据，由于个体差别情况有所不同。

另一例证是：2007 年国际足联的一项研究表明：随着海拔上升，人体血液中的 O_2 含量随着空气 O_2 含量减少而减少；在海拔 500m 以下，运动员的体能几乎不会受到任何影响；海拔超过 500m 以后，会出现因人而异的心跳加速，体力下降的负面效应；在海拔 2000m 的地方，高原病开始显现，低氧适应成为必需；海拔超过 3000m 后体能表现就会受到巨大的冲击。为此，2007 年 5 月 27 日，国际足联宣布禁止在海拔 2500m 以上的体育场进行国际足球比赛（2007 年 6 月 27 日，国际足联执委会在部分南美国家强烈抗议的重压之下修改了限高令，海拔 2500m 的“门槛”被改为海拔 3000m）。

此外，根据张婷等（2008）对青藏铁路公司机车乘务人员脂肪肝发

病率较高原因的研究，蒋瑾等（2004）对高海拔地区人群脂肪肝发病较高原因的研究也表明：除了高血糖、高脂血症、嗜酒之外，慢性缺氧也是脂肪肝发病率升高因素之一，这些因素相互协同对人体造成损害。因此，园林植物的生态效益，尤其在其制造 O_2 的功能，达到缓解缺氧症状方面更是重要。

表 1 - 2　自由大气沿海拔的变化

海拔 （m）	气压 （hPa）	平均温度 （℃）	大气密度 （kg/m³）	饱和水汽压 （hPa）	相对 O_2 含量 （%）
0	1013	15.0	1.2250	17.1	20.9
1000	899	8.5	1.1117	11.1	18.5
2000	795	2.0	1.0581	7.1	16.4
3000	701	-4.5	0.9093	4.1	14.5
4000	616	-11.0	0.8194	2.4	12.7
5000	541	-17.5	0.7864	1.3	11.2
6000	472	-24.0	0.6601	0.7	9.7

注：与中纬度地区相比较，热带地区海拔 3000m 处的大气压要高 15hPa，5000m 处要高 20hPa，即在热带地区各段要高出 200～300m 才能够得到表中相同的数据（Barry，1981）。

三　降温增湿，调节小气候

园林植物是气温和地温的"调节器"。城市环境建设中，大量应用的园林植物能缓和阳光的热辐射，使酷热的天气降温、失燥，给人以舒适的感觉。而且，城市绿地率、绿化覆盖率对气温有明显的影响。

近年来，支持这一结论的研究成果很多，比较有代表性的有：（1）秦俊等（2009）对上海居住区常见的 23 种植物群落的降温增湿效应进行观测的结果表明：所有植物群落都有降温增湿作用，且群落间降温增湿效应差异较大。各群落的降温增湿效应在 13：00～14：00 最强，与草坪之间的差异达到最大；在 16：00～17：00，各群落间降温增湿效应差异小，18% 的植物群落降温效应低于草坪，45% 的植物群落增湿效应低于草坪。针叶林、针阔混交林和竹林的降温增湿效应最强，日均降温效应 > 2.3℃，日均增湿效应 >12.4%。（2）杜克勤等（1997）在安徽省淮北市对不同行道绿化树，蔓藤攀缘植物，以及草坪绿地温、湿度效应进行了测定，认为：夏季3种乔木行道绿化树种较未绿化空旷地日平均地表气温降低2.2～3.2℃，最高降温达3.8℃；2种蔓藤攀缘植物地表日平均降低温度2.7～3.9℃，最高降温达4.3℃；草坪绿地和行道绿化树荫下水泥路面较空旷裸露水泥路面地表温度分别平均降低9.8℃和8.5℃，最高降温达15.6℃；乔木行道绿化树和蔓藤攀缘植物下日平均地表相对湿度较未绿化空旷地增加12.9%～14.7%和17.5%；同时还对不同植物种类、形态特征及郁闭度等影响降温增湿效应的因素进行了分析。（3）马秀枝等（2011）对内蒙古农业大学东校区3种主要的校园绿化树种垂柳 *Salix babylonica*、新疆杨、油松 *Pinus tabulaeformis*，在晴天树木阴影中心原位测定地表温度、大气温度和大气相对湿度，用来研究不同树种的降温增湿效应。结果表明：行道树下空气温度、地表温度的日变化趋势与对照点相似，呈∩形；但大气相对湿度的日变化趋势正好相反，呈∪形；与对照（附近水泥路面）相比，3种主要行道树都具有明显的降温和增湿效应，尤其是一天的中午时段的降温效应更为明显。与对照水泥地相比，3种行道树的大气温度平均降温率为4.3%～5.1%，地表温度平均降温率为34.9%～42.9%，平均增湿率为29.5%～34.5%；从降温增湿的综合效应来看，垂柳和油松大于新疆杨。这除了与不同树种树冠的几何形状、叶面积指数以及树木长势等有关外，可能还与不同树种的枝下高有关。

四　吸收有毒气体并杀菌减菌

城市绿地对空气的净化作用，主要表现在能稀释、分解、吸收和固定大气中的有毒有害物质，再通过光合作用形成有机物质，化害为利。据研究，加拿大杨每年可吸收硫 46kg/hm²，核桃林每年可吸收硫 34kg/hm²（陈植，2000）。

一般说来，空气的成分是比较固定的，但随着现代化城市的发展，室内外的人类活动向空气中排放了大量的有害气体和烟尘，改变了空气的成分，造成了空气污染。被污染的空气会严重地损害人体的健康，影响作物的生长，造成对自然资源以及建筑物等的破坏。人类活动排放到空气中的有害物质，大致可分为粉尘和气体两大类；从世界范围看，气

体污染物较多的是 SO_2、CO、NO_2 等，这些气体主要来自矿物燃料（煤和石油）的燃烧和工厂的废气。

在西藏，室外空气中主要有害物质来源于汽车尾气；室内空气主要有害物质来源于室内装修材料与薪炭材燃烧的产物。科学分析表明：汽车尾气中含有上百种不同的化合物，其中的污染物有固体悬浮微粒、CO、CO_2、碳氢化合物（C_nH_m）、氮氧化合物（NO_x）、铅及硫氧化合物等，其中主要有害成分是 C_nH_m、CO 和 NO_x；这 3 种物质对人体都有毒害，其中 C_nH_m 及 NO_x 在太阳紫外线的作用下，会产生一种具有刺激性的浅蓝色烟雾，其中包含有 O_3、醛类（R－CHO）、硝酸酯类（R－ONO_2）等多种复杂化合物。这种光化学烟雾对人体最突出的危害是刺激眼睛和上呼吸道黏膜，引起眼睛红肿和喉炎，危害更大。英国空气洁净和环境保护协会曾发表研究报告称，与交通事故遇难者相比，英国每年死于空气污染的人要多出 10 倍。主要污染气体对人体影响见表 1－3、表 1－4 和表 1－5。

表 1－3 不同浓度 CO 对人体的影响

CO 浓度（μl/L）	对人体的影响
50	允许的暴露浓度，可暴露 8h（OSHA）
200	2～3h 内可能会导致轻微的前额头痛
400	1～2h 后前额头痛并呕吐，2.2～3.5h 后眩晕
800	45min 内头痛，头晕，呕吐。2h 内昏迷，可能死亡
1600	20min 内头痛，头晕，呕吐。1h 内昏迷并死亡
3200	5～10min 头痛，头晕。30min 无知觉，有死亡危险
6400	1～2min 头痛，头晕。10～15min 无知觉，有死亡危险
12800	马上无知觉。1～3min 有死亡危险

表 1－4 不同浓度 NO_2 对人体的影响

NO_2 浓度（μl/L）	对人体的影响
0.2～1	可察觉到有刺激的酸味
1	允许的暴露浓度（OSHA，ACGIH）
5～10	对鼻子和喉部有刺激
20	对眼睛有刺激
50	30min 内最大的暴露浓度
100～200	肺部有压迫感，急性支气管炎，暴露稍长将会引起死亡

表 1 - 5　不同浓度 SO$_2$ 对人体的影响

SO$_2$ 浓度(μl/L)	对人体的影响
0.3 ~ 1	可察觉的最初的 SO$_2$
2	允许的暴露浓度(OSHA,ACGIH)
3	非常容易察觉的气味
6 ~ 12	对鼻子和喉部有刺激
20	对眼睛有刺激
50 ~ 100	30min 内最大的暴露浓度
400 ~ 500	引起肺积水和声门刺激的危险浓度,延长一段暴露时间会导致死亡

　　随着居住条件的改善,室内有害气体对人体的危害不容忽视。主要原因是一方面西藏群众有长期在室内燃烧薪炭材取暖的风俗,极易导致室内 CO、CO$_2$ 浓度超出极限;另一方面,随着生活质量的提高,新建设完成的安居工程、居民安置点以及城镇公寓楼开始采用大量的室内装修材料,而西藏晚间温度低,群众大多有关闭门窗以保证室内温度的习惯,所以,极易导致室内有害气体的长期积累。室内有害气体来源及对人体造成的危害见表 1 - 6 和表 1 - 7。

　　室外污染物的控制可以通过采用较节能环保小排量汽车,减少尾气的排放量,也可以通过改进发动机的燃烧方式以减少排放或采用催化转化器将尾气中的有害气体净化,达到消除汽车尾气中有害物质成分的目的。室内空气污染物的控制可以采用低甲醛含量绿色材料进行室内装修并通风透气、改变薪炭材取暖方式等途径达到目的,这些措施在采用园林植物辅助降低污染物时将达到更好的效果。同时,园林植物的绿叶是为大气治病的"医生"。大量的研究表明,它能分泌出如酒精、有机酸和萜类等挥发性物质,可杀死致病细菌、真菌和原生动物,生物学家称这些物质为"植物杀菌素"。如:玫瑰、桂花、紫罗兰、茉莉花、柠檬 *Citrus limon*、蔷薇、石竹、紫薇 *Lagerstroemia indica*,这些芳香花卉产生的挥发性油类具有显著的杀菌作用;其中,紫薇、茉莉花、柠檬等植物能在 5min 内就可以杀死病原菌;茉莉花、蔷薇、石竹、紫罗兰、玫瑰、桂花等植物散发出的香味对结核杆菌、肺炎球菌、葡萄球菌的生长繁殖具有明显的抑制作用。

表 1-6　室内环境空气中有毒有害气体的限定标准值

检测项目	室内空气质量（GB/18883）标准值	民用建筑工程室内环境污染控制规范（GB50325）标准值	
		I 类民用建筑工程	II 类民用建筑工程
^{222}氡（Bq/m^3）	400	≤200	≤400
甲醛（HCHO）（mg/m^3）	0.10	≤0.08	≤0.12
苯（C_6H_6）（mg/m^3）	0.11	≤0.09	≤0.09
氨（NH_3）（mg/m^3）	0.20	≤0.2	≤0.5
TVOC（mg/m^3）	0.60	≤0.5	≤0.6
甲苯（C_7H_8）（mg/m^3）	0.20	I 类民用建筑工程：住宅、医院、老年建筑、幼儿院、学校教室等民用建筑工程 II 类民用建筑工程：办公楼、商店、旅馆、文化娱乐场所、书店、图书馆、展览馆、体育馆、公共交通等候室、餐厅、理发店等民用建筑工程 按面积布点要求：（DBJ01-91-2004） 1. 房间使用面积 <50m^2 时，设 1 个检测点；2. 房间使用面积 50~100m^2 时，设 2 个检测点；3. 房间使用面积 100~500m^2 时，设 3 个检测点；4. 房间使用面积 500~1000m^2 时，设 4 个检测点；5. 房间使用面积超过 1000m^2 时，每增加 1000m^2 增设 1 个检测点，当增加的面积不足 1000m^2 时，按 1000m^2 计算 TVOC：Total Volatile Organic Compounds，室内环境中总挥发性有机物质含量	
二甲苯（C_8H_{10}）（mg/m^3）	0.20		
臭氧（O_3）（mg/m^3）	0.16		
二氧化硫（SO_2）（mg/m^3）	0.50		
二氧化氮（NO_2）（mg/m^3）	0.24		
一氧化碳（CO）（mg/m^3）	10		
二氧化碳（CO_2）（%）	0.10		
空气流速（m/s）	夏 0.3，冬 0.2		
菌落总数（cfu/m^3）	2500		
可吸入颗粒物（mg/m^3）	0.15		
新风量[m^3/（h·人）]	30		
噪声（dB）	GB3096-2008		
光照度（lx）	GB/T18204.21-2000		

表 1-7　室内有害气体来源及对人体造成的危害

有害气体	有害气体来源	对人体的危害
甲醛（HCHO）	胶合板、细木工板、中密度纤维板、刨花板等人造板材所用的胶黏剂；装饰材料如贴墙布、壁纸、化纤地毯、油漆、涂料释放	对人体危害具有长期性、潜伏性、隐蔽性；可释放 3~15a。引起咽喉灼痛、呼吸困难、眼红流泪、咳嗽气喘、声音嘶哑、胸闷、皮肤瘙痒；降低机体免疫功能，引起神经衰弱，记忆力减退，呼吸道长期刺激，可引起肺功能下降、肺水肿

续表

有害气体	有害气体来源	对人体的危害
苯(C_6H_6) 甲苯(C_7H_8) 二甲苯(C_8H_{10})	建筑材料的有机溶剂,如油漆的添加剂和稀释剂、防水材料添加剂;装饰材料、人造板家具、黏合剂的溶液	具有血液毒性、遗传毒性及致癌性,表现为头晕、胸闷、恶心、呕吐、嗜睡,可致癌、引发血液病和贫血、中枢神经视线模糊;妇女月经异常,孕期妇女妊娠高血压综合征,妊娠呕吐和妊娠贫血,自然流产等,胎儿先天性缺陷
TVOC	油漆、快干漆、涂料、黏合剂;人造塑料板材、纤维地毯、化纤窗帘、氟利昂等释放的3000多种有害气体的综合体	刺激上呼吸道及皮肤;影响中枢神经系统,出现头晕、头痛、无力、胸闷等症状;影响消化系统,出现食欲不振、恶心等;损伤肝脏和造血系统
氨(NH_3)	结构施工中含氨膨胀剂、防冻剂;家具涂饰所用添加剂和增白剂	腐蚀和刺激皮肤、降低免疫力、声音嘶哑、咳嗽、痰带血丝、流泪、咽痛、胸闷;严重时可致肺水肿;呼吸急迫休克
一氧化碳(CO)	薪炭材燃烧	CO与血红蛋白结合的速度比O_2快250倍,表现为:削弱血液向各组织输送氧的功能,危害中枢神经系统,造成人的感觉、反应、理解、记忆力等机能障碍,重者危害血液循环系统,导致生命危险

　　据研究,园林植物中存在大量的可以吸收有毒气体的种类。例如:1株成年的君子兰 Clivia miniata,一昼夜能吸收空气 $1m^3$,释放 80%的O_2,在极其微弱的光线下也能进行光合作用。在 $10 \sim 20m^2$ 的室内,有 $2 \sim 3$ 盆君子兰就可以把室内的烟雾吸收掉;特别是北方寒冷的冬天,由于门窗紧闭,室内空气不流通,君子兰会起到很好的调节空气的作用,保持室内空气清新。吊兰也能在微弱的光线下进行光合作用,吸收空气中的有毒有害气体,1盆吊兰在 $8 \sim 10m^2$ 的房间就相当于1个空气净化器。一般在房间内养 $1 \sim 2$ 盆吊兰,能 24h 释放 O_2,并吸收空气中的甲醛(HCHO)、苯乙烯(C_8H_8)、CO、NO_2 等致癌物质。吊兰对某些有害物质的吸收力特别强,比如空气中混合的 CO 和 HCHO,分别能吸收 95% 和 85%;吊兰还能分解苯(C_6H_6),吸收香烟烟雾中的尼古丁等比较稳定的有害物质,所以吊兰又被称为室内空气的绿色净化器。常见能够吸收有毒气体或杀菌消毒的园林植物种类见表 1-8。

表 1-8　能够吸收有毒气体或杀菌消毒的西藏常见园林植物

植物名称	主要功能	说　明
吊兰 *Chlorophytum comosum*	吸收 CO_2、HCHO、C_6H_6、C_8H_8、CO、尼古丁	室内栽培。$10m^2$ 栽培 1~2 株,在 24h 光照下,吸收空气中 95% 的 CO 和 85% 的 HCHO,杀死房间里 80% 的有害物质,能将火炉、电器、塑料制品散发的 CO、NO_2 吸收殆尽
虎尾兰 *Sansevieria trifasciata*	吸收 CO_2、HCHO、C_6H_6、C_8H_8、CO、尼古丁	室内栽培。2 盆虎尾兰可消除 $10m^2$ 左右房间内 80% 以上多种有害气体,使一般居室内空气完全净化
芦荟 *Aloe vera* var. *chinensis*	吸收 HCHO、CO_2、SO_2、CO 等,杀菌消毒	室内栽培。夜间释放 O_2。在 24h 光照下,1 盆芦荟可消除 $1m^2$ 空气中 90% 的 C_6H_6。当室内有害气体过高时,芦荟的叶片就会出现斑点;当室内空气质量正常后消失
常春藤 *Hedera nepalensis* var. *sinensis*	吸收 HCHO、C_6H_6、CO_2 等	室内栽培。是目前吸收 HCHO 最有效的室内植物,每平方米常春藤的叶片可以吸收 HCHO 1.48mg/d;24h 光照条件下可吸收室内 90% 的 C_6H_6。$10m^2$ 的房间,只需要放上 2~3 盆常春藤就可以起到净化空气的作用
君子兰 *Clivia miniata*	吸收 CO_2、尼古丁、光化学烟雾	室内栽培。$10m^2$ 栽培 2~3 株;夜间释放 O_2
鹅掌柴 *Schefflera heptaphylla*	吸收 HCHO、尼古丁、CO_2	室内栽培。降低 HCHO 浓度约 9mg/h
月季 *Rosa hybrida*	吸收 HCl(氯化氢)、H_2S(硫化氢)、C_6H_6O(苯酚)、$C_4H_{10}O$(乙醚)等	室外栽培
龟背竹 *Monstera deliciosa*	吸收 HCHO、CO_2 等	室内栽培。对清除空气中的 HCHO 的效果比较明显;夜间释放 O_2
仙人掌类植物	增加负离子、防辐射;杀菌消毒	室内栽培。放在电脑、电视机等电器附近能吸收大量的辐射污染;常见栽培的有:仙人掌 *Opuntia dillenii*、令箭荷花 *Nopalxochia ackermannii*、仙人指 *Schlumbergera bridgesii*、量天尺 *Hylocereus undatus*、昙花 *Epiphyllum oxypetalum* 等
橡皮树 *Ficus elastica*	吸收 CO、CO_2、HF 等	室内栽培
文竹 *Asparagus setaceus*	CO_2、杀菌消毒	室内栽培。自然分泌物具有杀菌功能
绿萝 *Epipremnum aureum*	HCHO、C_6H_6 等	室内栽培。绿萝消除 HCHO 等有害物质的能力不亚于常春藤、吊兰

续表

植物名称	主要功能	说　明
秋海棠类 *Begonia* spp.	吸收 HCHO	室内栽培
万寿菊 *Tagetes erecta*	吸收 SO_2、Cl_2（氯）、$C_4H_{10}O$、C_2H_4（乙烯）、CO、NO_2 等	室外栽培

当然，并非所有的园林植物都适宜在室内摆放，部分园林植物还要注意摆放位置。例如：兰花 *Cymbidium virescens* 清雅脱俗，能够吸滞空气中的可吸入颗粒物，是厅堂内最好的摆放植物，但它的香气会令人过度兴奋，而引起失眠，不宜摆放在卧室；紫荆 *Cercis chinensis* 繁花似锦，是最好的夏秋观花植物，但它的花粉如与人接触过久，会诱发哮喘或使咳嗽症状加重，不宜种植于室内及行人密集的地方；含羞草 *Mimosa pudica* 含蓄深情，但它体内的含羞草碱是一种毒性很强的有机物，人体过多接触后会使毛发脱落；月季素有"花中皇后"的美誉，是最佳的观花植物，但它所散发的浓郁香味，会使一些人产生胸闷不适、憋气与呼吸困难；百合 *Lilium brownii* var. *viridulum* 花的香味会使人的中枢神经过度兴奋而导致失眠；夜来香 *Telosma cordata* 在晚上会散发出大量刺激嗅觉的微粒，闻之过久，会使高血压和心脏病患者感到头晕目眩、郁闷不适，甚至病情加重；夹竹桃 *Nerium oleander* 可以分泌出一种乳白色液体，接触时间一长，会使人中毒，引起昏昏欲睡、智力下降等症状；松柏类花木的芳香气味对人体的肠胃有刺激作用，不仅影响食欲，而且会使孕妇感到心烦意乱，恶心呕吐，头晕目眩；天竺葵（洋绣球）*Pelargonium hortorum* 花散发的微粒，如与人接触，会使人的皮肤过敏而引发瘙痒症；郁金香 *Tulipa gesneriana* 花朵中含有一种毒碱，接触过久，会加快毛发脱落；黄色花的杜鹃花（如：羊踯躅 *Rhododendron molle*、黄杯杜鹃 *Rhododendron wardii* 等）之花朵中含有一种毒素，一旦误食，轻者会引起中毒，重者会引起休克，严重危害身体健康（薛福连，2004；杨玉想等，2005；张学增等，2009）。

五　吸滞尘埃

大气除有毒气体污染外，灰尘、粉尘等也是主要的污染物质。园林植物可通过降低风速以及叶面吸滞，从而减轻和有效防止大气中的固体粉尘悬浮颗粒污染。据统计，1 亩园林植物每年可以吸滞的尘埃达 20～60t，据此推测：如果城市绿化覆盖率达到 50%，则大部分悬浮颗粒都可以得到净化（刘梦飞，1989）。当然，不同植物的滞尘能力和滞尘积累量也有差异（见表 1-9），树冠大而浓密、叶面多毛或粗糙以及分泌油脂或黏液的树种具有较强的滞尘力。

表 1-9　不同树种单位叶面积的滞尘量

单位：g/m^2

树　　种	滞尘量	树　　种	滞尘量
榆树 Ulmus pumila	12.27	乌桕 Triadica sebifera	3.39
荷花玉兰 Magnolia grandiflora	7.10	黄金树 Catalpa speciosa	2.05
大叶黄杨 Euonymus japonicus	6.63	朴树 Celtis sinensis	9.37
臭椿 Ailanthus altissima	5.88	重阳木 Bischofia polycarpa	6.81
桑 Morus alba	5.39	刺槐 Robinia pseudoacacia	6.37
紫薇 Lagerstroemia indica	4.42	构树 Broussonetia papyrifera	5.87
夹竹桃 Nerium oleander	5.28	楝 Melia azedarach	5.89
悬铃木 Platanus acerifolia	3.73	三角槭 Acer buergerianum	5.52
山樱花 Prunus serrulata	2.75	元宝槭 Acer truncatum	3.45
桂花 Osmanthus fragrans	2.02	杜仲 Eucommia ulmoides	4.77
木槿 Hibiscus syriacus	8.13	蜡梅 Chimonanthus praecox	2.42
女贞 Ligustrum lucidum	6.63	栀子 Gardenia jasminoides	1.47

资料来源：《园林树木学》（2004）。

六　消除噪声

噪声是一类引起人烦躁、或音量过强而危害人体健康的声音。广义来说，噪声系指人们所不想要听到的声音。凡是不悦耳的声音，在不适当的时间于不适当的地方所发出的声音，或是足以引发个人生理上或心理上不愉快反应的声音，均属噪声。依照《中华人民共和国环境噪声污染防治法》（1996）的定义认为，声音超过管制标准者均属噪声。噪声主要有建筑噪声、交通噪声、工业噪声、社会噪声等。人低声耳语声音约为 30dB，大声说话为 60～70dB。60dB 以下为无害区，60～110dB 为过渡区, 110dB 以上是有害区。汽车噪声为 80 ~ 100dB, 电视机伴音可达 85dB, 人们长期生活在 85 ~ 90dB 的噪声环境中, 就会得"噪音病"。在人口密集的城市里, 汽车、火车、飞机等交通工具发达, 机器的轰鸣和人们的喧闹等, 都发出种种噪声, 已成为令人烦恼的公害。过强的噪声可以引起耳部的不适, 如耳鸣、耳痛、听力损伤。据临床医学统计, 若在 80dB 以上噪声环境中生活, 造成耳聋者可达 50%; 医学专家研究认为, 家庭噪声是造成儿童聋哑的病因之一。为保障城市居民生活中的声环境质量, 国家制定了《声环境质量标准》GB3096 – 2008 (中华人民共和国环境保护部, 2008), 明确规定了城市中五类区域的环境噪声最高限值 (见表 1 – 10)。

园林植物是消除噪声的良好材料, 是天然的"消声器"。树木的树冠和茎叶对声波有散射、吸收的作用, 树木茎叶表面粗糙不平, 其大量微小气孔和密密麻麻的茸毛, 就像凹凸不平的多孔纤维吸音板, 能把噪声吸收, 减弱声波传递, 因此具有隔音、消声的作用。

表 1 – 10 城市中五类区域的环境噪声最高限值

单位: dB

类别	适用区域	环境噪声最高限值	
		白天	晚上
0	疗养区、高级别墅区、高级宾馆区等特别需要安静的区域, 位于城郊和乡村的这一类区域分别按严于 0 类标准 5dB 执行	50	40
1	以居住、文教机关为主的区域; 乡村居住环境	55	45
2	居住、商业、工业混杂区	60	50
3	工业区	65	55
4	道路交通干线两侧区域、穿越城区的内河航道两侧区域; 穿越城区的铁路主、次干线两侧区域的背景噪声 (指不通列车时的噪声水平)	70	55

资料来源:《声环境质量标准》GB3096 – 2008。

不同树种对噪声的消减效果不同, 如图 1 – 1 所示 (引自《园林树木学》)。其中以美青杨消减噪声能力最强, 榆树次之, 红皮云杉最小。

除树种外, 不同冠幅、枝叶密度, 不同的绿带类型、林冠层次及林型结构, 对噪声的消减效果不同。在树林防止噪声的测定中, 普遍认为:

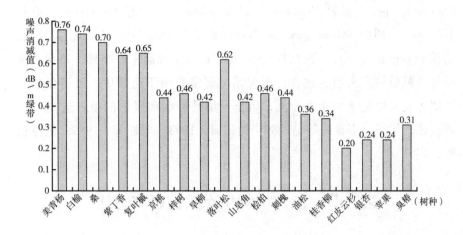

图1-1　不同树种对噪声的消减效果

①树林幅度宽阔，树身高，噪声衰减量增加。研究显示，44m宽的林带，可降低噪声6dB；乔、灌、草结合的多层次的40m宽的绿地，就能减低噪声10~15dB。②树木靠近噪声源时噪声衰减效果更好。③树林密度大，减噪效果好，密集和较宽的林带（19~30m）结合松软的土壤表面可降低噪声50%以上（姚成等，1995；陈振兴等，2003；解宝灵，2003；丁亚超等，2004；周敬宣等，2005；王钦，2005；杜振宇等，2007；刘佳妮，2007）。

七　保持水土

降水常造成水土流失，而园林植被可明显地减弱这一作用。首先，园林植被可截留一部分降水，其次，苔藓层、枯落物可以吸收一部分水量，再加上土壤的渗透作用，就减少和减缓了地表径流量和流速，因而起到了水土保持作用。

在实际工作中，为了达到涵养水源保持水土的目的，应选植树冠厚大、郁闭度强、截留雨量能力强、耐阴性强而生长缓慢和能形成富于吸水性落叶层的树种。根系深广也是选择的条件之一，因为根系广、侧根多，可加强固土固石的作用，根系深则有利于水分深入土壤的下层。按照上述的标准，一般常选用柳、槭 Acer spp.、胡桃 Juglans regia、枫杨

Pterocarya spp. 、水杉 *Metasequoia glyptostroboides*、云杉 *Picea* spp. 、冷杉 *Abies* spp. 、圆柏 *Sabina chinensis* 等乔木和榛 *Corylus heterophylla*、夹竹桃、胡枝子 *Lespedeza* spp. 、紫穗槐 *Amorpha fruticosa* 等灌木。当然，草坪地被以及苔藓植物严密覆盖地面，其根系又密集交织于土壤中，可避免雨水冲刷土表，也是减少地表径流，防止土壤被冲刷和侵蚀的极好选择（L. 理查德，1985；李嘉乐等，1989；白伟岚，1993；傅湘等，1999；鲍淳松等，2001）。

第二节　园林植物生态效益研究方法

城市园林植物的生态效益包括改善碳氧平衡、降温增湿、减尘滞尘、杀菌减菌及吸收有毒气体、净化空气等很多方面，目前我国这方面的研究方向及研究内容尚属理论探讨和仅对局部或单项效益进行研究的阶段。

一　固碳释氧

园林植物固碳释氧功能通过植物光合作用完成，它吸收空气中的 CO_2，经过绿叶的光合作用释放 O_2，从而维持空气中的碳氧平衡。传统评估园林植物的固碳释氧能力的方法就是以植物光合作用方程式为依据，以干物质积累生物量为基础，估算植物的固碳释氧；20 世纪 50 年代发明红外线光合作用测定系统后，气体交换技术成为研究植物光合生理特性和生产力预测与评估的重要手段，也为量值评估植物的固碳释氧能力提供了技术支持（王得祥等，2001；贾彦丽等，2002；刘鹏等，2003）。如：杨士弘（1996）用两种不同的仪器分别在不离体和离体状态下测定了广州的 8 个树种叶片的光合速率；结合树种的叶面积指数，计算了 8 种园林植物每平方米水平覆盖面积每小时和每天（按 10h 计）吸收 CO_2、释放 O_2 的量，由大到小的顺序为：木棉 *Bombax ceiba*（*Bombax malabaricum*）、白兰 *Michelia × alba*、石栗 *Aleurites moluccanus*、大叶榕（雅榕）*Ficus concinna*（*Ficus lacor*）、细叶榕 *Ficus thonningii*（*Ficus retusa*）、阴香 *Cinnamomum burmannii*、红花羊蹄甲 *Bauhinia × blakeana*、夹竹桃。陈晖、阮宏华等（2002）采用 Licor - 6400 便携式光合作用测定系统，分别在生长初期、盛期、末期测定了鹅掌楸 *Liriodendron chinense* 和女贞的净光合速率日变化，取平均值计算两个树种的固碳释氧值，并测定其叶面积指数，得到女贞的净光合速率、叶面积指数和同化 CO_2 及释放 O_2 能力均大于鹅掌楸，为绿化树种的选择提供了依据。

（一）采用累积生物量估算固碳释氧能力

地球表层系统是一个巨大的光合有机合成及其产物消耗、分解的系统。在这个巨大的系统中，绿色植物通过光合作用，将大气中的 CO_2 转变成植物生物量，成为包括人类在内的几乎所有生命有机体的物质和能量的基础（方精云等，2001）。因此，植物生物量是地球环境变化和生态系统健康与否的指示物，直接反映了植物的固碳释氧能力。

植物净初级生产力（Net Primary Productivity，NPP）是指绿色植物在单位面积、单位时间内所累积的植物生物量，是由光合作用所产生的有机质总量（Gross Primary Productivity，GPP）中扣除自养呼吸（Autotrophic Respiration，RA）后的剩余部分，其数值的大小直接关系到植物固碳释氧能力的大小。自从 20 世纪 60 年代开展"国际生物学"计划以来，世界各国针对城市绿地生物量（净初级生产力）做了很多工作研究，特别是北美地区，积累了大量资料，这使得借用净初级生产力回归方程计算同一地区城市的绿地固碳释氧能力成为可能。如：美国从 20 世纪 90 年代初开始利用这种方法对城市绿地碳贮量及每年碳固定量进行评估（Bames，1998），并于 1991～1994 年针对芝加哥城市绿地进行了全面、系统的调查研究，按照不同气候区、不同用地类型量化评估了城市绿地固定 CO_2、降温节能的作用，建立了评估城市绿地生态效益的模型（Nowak D. J.，1994，2002）。1997～1998 年，McPherson 等也应用这种方法对美国加利福尼亚州萨克拉门托市绿地进行了研究，得出结论：600 万株树木贮存了 800 万 t CO_2（平均值 $31t/hm^2$），每年吸收 2.38 万 t CO_2（平均值 $0.92t/hm^2$）；之后我国研究人员用同样的方法对部分中国城市的绿地碳贮量进行了评估（李辉等，1998、1999；陈智中等，1999），并进行了城市绿地固碳释氧能力的研究。

该方法的具体计算公式为：

$$Z_{O_2} = \frac{N_{O_2}}{N_{CO_2}} Z_{CO_2} = 8/11 \sum_{i=1}^{n} V_i \cdot S_i \cdot P_i \cdot D \cdot R \cdot C_C \qquad (公式 1-1)$$

式中：Z_{O_2} 为年净释 O_2 量；Z_{CO_2} 为年净固定 CO_2 量；

N_{O_2} 为 O_2 摩尔质量，N_{CO_2} 为 CO_2 摩尔质量；

V_i 为各类型绿地的单位面积蓄积量；S_i 为各类型绿地面积；P_i 为植物年生长率；

D 为树干密度（取值为 0.52）；R 为植物总生物量与枝干生物量的比例；

C_C 为植物中含碳率（常采用 0.45）；

i 为绿地类型（如 Ⅰ 为阔叶林、Ⅱ 为针叶林、Ⅲ 为针阔混交林）。

从公式 1-1 中可以看出，各类型绿地的单位面积蓄积量 V_i 即是其净初级生产力，是进行城市绿地固碳释氧能力评估的关键因子。

在自然环境条件下，植物净初级生产力除受植物本身的生物学特性、土壤特性等限制以外，主要受气候因子的影响。针对特定植物、绿地类型而言，其生物学特性是比较固定的因子，可以通过光合作用测定系统测得其固碳释氧能力，而城市土壤特性相对稳定，气候则随时空变化较大。因此，一个地区的植物净初级生产力主要决定于光、热、水条件。不同的气候区域由于光、热、水条件的不同，各种植物年生长率不同，植物净初级生产力也不相同；利用植物生长与气候因子之间的相关关系，建立数学模型，就能够估算出某个区域绿地的植物净初级生产力。世界上一些学者对建立这种模型作了很多尝试，常见的有 Maimi 模型（1971）、Thomthwaite Memorial 模型（1972）、Bames 年平均森林生产力模型（1998）等。

1. Miami 模型

植被净初级生产力受若干环境气候因子的制约，其中，影响最大的是温度和降水。H. Lieth 根据世界五大洲约 50 个地点可靠的植被净初级生产力实测资料和对应的年平均降水量、年平均气温资料，用最小二乘法建立了 Miami 模型：

$$P_{NPP} = MIN(P_{NPPT}, P_{NPPR}) = MIN\{30/[1 + \exp(1.315 - 0.119T)],$$
$$30/[1 - \exp(-0.000064R)]\}$$

（公式 1-2）

式中：P_{NPPT} 为根据年平均气温得到的植被净初级生产力 [t/（hm²·a）]；

P_{NPPR} 为根据年平均降水量得到的植被净初级生产力 [t/（hm²·a）]；

T 为年平均气温（℃），R 为年平均降水量（mm）。

根据 Liebig 最小因子定律，即在一定稳定状态下，任何特定因子的存在量低于某种生物的最小需要量，是决定该物种生存或分布的根本因素。因此，估算区域的绿地净初级生产力为 P_{NPPT} 与 P_{NPPR} 中较低者。但 Miami 模型仅考虑了环境气候因子中的温度和降水，实际上，植物净初级生产力还受到其他一些气候因子的影响。

2. Bames 年平均森林生产力模型

Bames 年平均森林生产力模型（1998）是基于城市森林生态效益评估而提出，其直接依据是年平均降水量对城市森林生长的影响。计算公式如下：

$$P_{NPP} = 39.761850 \times \exp(-932.727/R) \qquad \text{（公式 1-3）}$$

式中：P_{NPP} 为植被净初级生产力 [t/（hm²·a）]；R 为年平均降水量（mm）。

该模型中，园林绿地年生产力与该区域的年平均降水量直接相关，存在与 Miami 模型同样的缺陷。

3. Thomthwaite Memorial 模型

针对 Miami 模型的缺点，H. Lieth 进一步根据实际蒸散量建立了 Thomthwaite Memorial 模型，由于实际蒸散量大小受太阳辐射、温度、降水、饱和差、气压和风速等一系列气候因子的影响，包括的因子较为全面，故得到的植物净初级生产力更加合理。

$$P_{NPP} = 30 \times \{1 - \exp[-0.0009695(V - 20)]\}$$
$$V = \begin{cases} 1.05R/\sqrt{1 + (1.05R/L)^2} & P \geqslant 0.316L \\ R & P < 0.316L \end{cases} \qquad \text{（公式 1-4）}$$
$$L = 300 + 25T + 0.05T^3$$

式中：P_{NPP} 为植被净初级生产力 [t/（hm²·a）]；

T 为年平均气温（℃），R 为年平均降水量（mm）；

V 为年平均实际蒸散量（mm）；L 为年最大蒸散量（mm）。

分析认为，按照植物净初级生产力模型计算生物量，即应用植物净初级生产力模型估算的理论值 P_{NPP} 来研究园林绿地生产力，Miami 模型、Bames 模型、Thomthwaite Memorial 模型等三个常用模型中，Thomthwaite Memorial 模型最为合理。

获得城市绿地净初级生产力以后，城市绿地固碳释氧能力就可以根据光合作用方程式（1－1）获得。

$$6CO_2\uparrow(264g)+12H_2O(216g)+光照\xrightarrow{\text{叶绿体}}$$
$$C_6H_{12}O_6(葡萄糖,180g)+6O_2\uparrow(192g)+6H_2O(108g)$$

（方程式 1－1）

从方程式 1－1 中可以看出，植物每生产 1.00g 干物质能固定 1.467g CO_2，释放 1.067g O_2（潘瑞炽，2004）。则研究区域城市绿地每年积累的干物质公式为 $A\times I\times P_{NPP}$（A 为园林绿地的占地面积，hm^2；I 为叶面积参数），吸收的 CO_2 公式为 $1.467\times A\times I\times P_{NPP}$；释放的 O_2 公式为 $1.067\times A\times I\times P_{NPP}$（根据光合作用方程式可以计算出每生产 1g 干物质吸收 1.467g CO_2，放出 1.067g O_2）。

定量研究的结果使城市绿地建设和管理者们更加明确了不同类型绿地或植物对改善生态环境的作用，为进一步建设和完善城市绿地的布局、结构，提高城市绿地的生态效益提供了依据。

（二）采用光合速率估算固碳释氧能力

通过光合速率估算固碳释氧能力的方法是：采用植物光合测定仪（LCA－4 型便携式光合作用/蒸腾测试系统、Licor－6200 或 Licor－6400 便携式光合作用测定系统、LC Pro－SD 全自动便携式光合仪、QGD－07 型红外线 CO_2 气体分析仪、GFS－3000 高级光合作用荧光测量系统等）进行园林植物光合速率的测定，根据园林植物光合作用方程式，对园林植物的固碳释氧效应进行计算。

1. 园林植物单位叶面积释放 O_2 计算

在园林植物的光合作用日变化曲线中，其同化量是净光合速率曲线和时间横轴围合的面积，即图 1－2 中的阴影部分。

以此为基础，各种植物在测定当日的总光合速率同化量计算公式为：

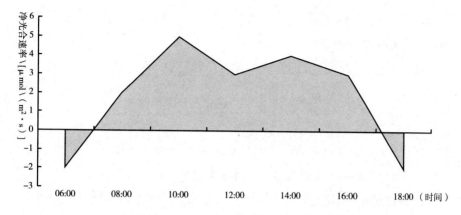

图 1-2 园林植物的光合作用日同化量

说明：摹自韩焕金《城市绿化植物的固碳释氧效应》（2005）。

$$P = \sum_{i=1}^{n} \left[(p_{i+1} + p_i) \div 2 \times (t_{i+1} - t_i) \div 1000 \right]$$

（公式 1-5）

$$= \sum_{i=1}^{n} \left[(p_{i+1} + p_i) \times (t_{i+1} - t_i) \div 2000 \right]$$

式中：P 为测定当日单位叶面积的叶片同化总量 $[\mathrm{mmol}/(\mathrm{m}^2 \cdot \mathrm{d})]$；

n 为 1d 内有效光照下总测定次数；

p_i 为第 i 个测点的瞬时净光合速率 $[\mu\mathrm{mol}/(\mathrm{m}^2 \cdot \mathrm{s})]$；

p_{i+1} 为下一测点的瞬时净光合速率；

$t_{i+1} - t_i$ 为第 $i+1$ 个测点与第 i 个测点之间的时间差（s）；

1000 指 1 mmol = 1000 μmol。

然后，用同化总量换算出测定当日单位叶面积的叶片固定 CO_2 重量：

$$P_{CO_2} = P \times N_{CO_2} \div 1000 = 0.044P$$

（公式 1-6）

式中：N_{CO_2} 为 CO_2 的摩尔质量（44）；

P_{CO_2} 为单位叶面积的叶片固定 CO_2 的重量 $[\mathrm{g}/(\mathrm{m}^2 \cdot \mathrm{d})]$；1000 指 1mol 为 1000mmol。

并且，可计算出该测定当日单位叶面积的叶片释放 O_2 的重量：

$$P_{O_2} = P \times N_{O_2} \div 1000 = 0.032P$$

（公式 1-7）

式中：N_{O_2} 为 O_2 的摩尔质量（32）；P_{O_2} 为单位叶面积的叶片释放 O_2 的重量 [g/(m² · d)]。

则，测定当日单位叶面积的叶片年净释放 O_2 的重量为：

$$M_{O_2} = \sum_{l=1}^{t} P_{O_2} \qquad \text{（公式 1-8）}$$

式中：t 为园林植物进行光合作用的天数（d）。

2. 园林植物单位栽培面积的固碳释氧能力计算

园林植物单位栽培面积的日净同化量由植物单位叶面积的日净同化量与该植物的叶面积指数的乘积得出，计算公式为：

$$
\begin{aligned}
Q &= P \cdot I_{LAI} \\
Q_{O_2} &= P_{O_2} \cdot I_{LAI} \\
W_{O_2} &= \sum_{l=1}^{t} Q_{O_2} = \sum_{l=1}^{t} P_{O_2} \cdot I_{LAI} = M_{O_2} \cdot I_{LAI}
\end{aligned}
\qquad \text{（公式 1-9）}
$$

式中：Q 为单位栽培面积日净同化量（1d 内有效光照下单位面积日净同化量）[mmol/(m² · d)]；

Q_{O_2} 为单位栽培面积园林植物的日释放 O_2 量 [g/(m² · d)]；

W_{O_2} 为单位栽培面积园林植物的年净释放 O_2 量；t 为园林植物进行光合作用的天数（d）。

I_{LAI} 为该树种的叶面积指数；叶面积指数 = 叶片总面积/土地面积；即单位土地面积上植物叶片总面积占土地面积的倍数；常采用 Licor-6400 便携式光合作用测定系统、LAI-2000 冠层分析仪、CI-202 便携式叶面积仪、AM-300 手持式叶面积仪等直接测定，经验计算式为：

$$I_{LAI} = 0.75\rho \frac{\sum_{j=1}^{m} \sum_{i=1}^{n} (L_{ij} \times B_{ij})}{m} \qquad \text{（公式 1-10）}$$

式中：n 为第 j 株的总叶片数；m 为测定株数；ρ 为种植密度。

（三）绿量（园林植物的功能叶片总面积）的计算

园林植物是园林绿地生态效益的"生产者"，而园林植物发挥其生态效益的重要器官是植物的叶片，因此准确测量园林植物的功能叶片总量，即园林植物的绿量，是合理测定和评价园林植物的生态效益基础（古润泽等，2007）。由于绿量在研究绿化生态效益方面的重要性，即绿量（植物叶片面积）总量的大小在很大程度上决定了园林绿地生态效益的大小。因此，在城市绿地不同植物配置及组合状况千变万化的条件下，绿量的合理计算是衡量不同绿地生态效益及其绿化水平的重要参数。叶面积的测量有 8 种方式：格子法、称重法、辛普松公式法、数码照片分析法（数码照片＋矢量软件）、求积仪法、叶面积测量仪法、回归方程法、遥感法。前 6 种方法主要用于少量叶片叶面积的测量，而对于城市绿地内所有园林植物功能叶片叶面积的测量，主要采用回归方程法、遥感法。例如：Nowak 叶面积值估算数学回归方程模型（David J. Nowak，1994）：

$$Y = \exp(0.6031 + 0.2375H + 0.6906D - 0.0123S) + 0.1824$$

（公式 1 - 11）

式中：Y 为叶面积；H 为树冠高度；D 为树冠直径；

S 为树冠投影系数，$S = \pi D (H + D) / 2$，π 取值 3.1415。

当然，根据该模型也可以反向推导出其理论叶面积参数 I，即为 Nowak 叶面积值与树冠投影面积的比值。

随着生态城市理论的提出，现行的绿量的概念也经历了从二维平面到三维空间的发展过程，三维绿量也逐步被业界认可。三维绿量又称绿化三维量，是指所有生长植物的茎叶所占据的空间体积（m^3），它克服了二维绿量的不足。它针对不同植物种类、不同绿地结构间存在的功能差异，以植物所占据的绿色空间体积作为评价标准，使通过调查生长中的植物茎叶所占据空间的多少来反映绿地生态功能水平的高低成为可能。

三维绿量作为准确评价城市森林结构、反映城市森林效应的指标，对具体绿化地段三维绿量的计算和规划设计具有实际指导意义。为此周坚华等（1995，2001）基于航片机助解译和三维绿量计算方程，研发建立了上海市和合肥市的三维绿量数据库；在此基础上，周一凡等（2006）发展了三维绿量的快速测算模式，刘常富等（2006）借助 ArcGIS，以立体量推算立体量的方法测算了沈阳城市森林三维绿量，周廷刚等（2005）以航空摄影时太阳、摄影机以及树木三者之间的几何位置关系建立的植被高度模型为基础，对宁波市三维绿量进行了测算，季彪俊等（2005）和赵军等（2007）利用树种建模与遥感影像相结合，测算了福州市和兰州市的三维绿量。这些研究大多采用遥感影像测算三维绿量，特别是基于城市尺度的测算，而在城市内更小范围的测算则因树木种类多样、遥感影像获得困难等原因受到明显限制。

目前常用的三维绿量的计算方法是：先用 GPS 定位，并在真彩航片上进行样地分析，调查调查区域树种的配置方式和比例，实测调查区域的郁闭度和单株的三维绿量，采用立体量推算立体量的方法，累加单株三维绿量获得样地三维绿量（刘常富等，2008）。

表 1－11　三维绿量计算公式

序号	树冠形状	代表树种	计算公式
1	卵形 OV	北京杨、藏川杨、苹果、梨、女贞、榆树等	$\pi x^2 y/6$
2	圆锥形 CO	圆柏、雪松、林芝云杉、急尖长苞冷杉、落叶松、水杉等	$\pi x^2 y/12$
3	球形 SP	大叶黄杨球、洒金柏、多蕊金丝桃、小叶女贞球等	$\pi x^2 y/6$
4	半球形 SS	鸡爪槭、杏梅、核桃、枫杨等	$\pi x^2 y/6$
5	球扇形 SF	侧柏、悬铃木、山樱花、紫叶李、月季、紫叶小檗等	$\pi(2y^3 - y^2\sqrt{4y^2 - x^2})/3$
6	球缺形 AS	垂柳、桑、光核桃、龙爪槐等	$\pi(3xy^2 - 2y^3)/6$
7	圆柱形 RC	箭杆杨、铅笔柏、西藏箭竹等	$\pi x^2 y/4$

注：x 为冠径，y 为冠高（冠下高、树高），计算公式参考《沈阳城市森林三维绿量测算》（刘常富等，2006）。

至今为止，国内采用光合速率估算固碳释氧能力的研究工作有：（1）周坚华等（1995）在上海市利用遥感技术对绿化植物的"三维绿色生物量（即绿量）"的遥感模式进行了研究并在全市范围估算了绿化群落的固碳释氧等生态效益，这是国内较早开展城市绿地生态效益量值研究的报道。（2）北京市园林科学研究所陈自新等（1998）开展了"北京城市园林绿化生态效益的研究"课题，其研究人员对北京最为常用并有代表性的 37 种园林植物的个体绿量建立了回归模型，在此基础上，根据不同地区不同类型绿地园林植物的组成结构、植株大小，得到绿地绿量；利用光合作用测定仪，测定计算了北京常见的 65 种园林植物全年吸收 CO_2、释放 O_2 的量；结合两组数据，得出了不同地区不同类型绿地全年的固碳释氧量。(3) 管东生等(1998) 利用华南地区自然森林环境中一些树种的生物量方程, 估算了广州市绿地植物的生物量和第一性生产量, 以此为基础推算了城市绿地中碳的贮存、分布和固碳释氧能力, 探讨了广州市绿地对城市碳氧平衡的作用。(4) 白林波等(2001) 利用遥感技术研究分析了合肥市土地利用及树木分布的格局, 按照理论年平均气候生产力计算了其城市绿地每年的固碳释氧量。以上四个城市分别使用了不同的方法估算了该市绿地吸收 CO_2 和释放 O_2 的量, 评估了绿地的碳氧平衡能力, 为城市绿地的建设和改造提供了量化的依据, 对量值评估城市绿地碳氧平衡能力的方法进行了探索, 为我们进一步开展这方面的研究提供了有益的参考。

二 降温增湿

蒸腾作用是水分从活体植株表面(主要是叶片)以水蒸气状态散失到大气中的过程(潘瑞炽, 2004)。对于植物本身而言, 蒸腾作用可加速植物生长所需的无机盐向地上部分运输的速率, 降低植物体的温度, 使叶片在强光下进行光合作用而不致受害; 对植物生长的环境而言, 蒸腾作用可以使周边的土壤和空气温度下降, 使土壤持水变为空气中的水蒸气, 增加空气湿度, 并让一定区域的雨水充沛, 形成良性循环, 产生降低城市热岛效应的生态效益。

植物的蒸腾部位主要是叶片。叶片蒸腾有三种方式: 一是通过皮孔的蒸腾, 称为皮孔蒸腾, 约占 0.1%; 二是通过角质层的蒸腾, 叫作角质蒸腾, 主要是幼嫩的植物或部位, 一片成熟叶片的角质蒸腾占 5% ~ 10%; 三是通过气孔的蒸腾, 叫作气孔蒸腾, 占 90% ~ 95%, 气孔蒸腾是植物蒸腾作用的最主要方式。与物理学的蒸发过程不同, 蒸腾作用是植物吸收和运输水分的主要动力, 是一种复杂的生理过程。蒸腾速率取决于叶内外蒸气压差和扩散阻力的大小, 所以凡是影响叶内外蒸气压差和扩散阻力的因素, 都会影响蒸腾速率, 因此, 它不仅受外界环境条件的影响, 而且还受植物本身的调节和控制。

影响蒸腾作用的外界环境条件有以下几个。

(1) 光照 光对蒸腾作用的影响首先是引起气孔的开放, 减少气孔阻力, 从而增强蒸腾作用。其次, 光可以提高大气与叶子的温度, 增加叶内外蒸气压差，加快蒸腾速率。

（2）温度　温度对蒸腾速率的影响很大。当大气温度升高时，叶温比气温高出 2~10℃，因而气孔下腔蒸气压的增加大于空气蒸气压的增加，使叶内外蒸气压差增大，蒸腾速率增大；当气温过高时，叶片过度失水，气孔关闭，蒸腾减弱。

（3）湿度　在温度相同时，大气的相对湿度越大，其蒸气压就越大，叶内外蒸气压差就变小，气孔下腔的水蒸气不易扩散出去，蒸腾减弱；反之，大气的相对湿度较低，则蒸腾速率加快。

（4）风速　风速较大，可将叶面气孔外水蒸气扩散层吹散，而代之以相对湿度较低的空气，既减少了扩散阻力，又增加了叶内外蒸气压差，可以加速蒸腾。强风可能会引起气孔关闭，内部阻力增大，蒸腾减弱。

影响蒸腾作用的内部因素有：

（1）气孔频度（Stomatal frequency）　每平方毫米叶片上的气孔数；气孔频度大，有利于蒸腾快。

（2）气孔大小　气孔直径较大，内部阻力小，蒸腾快。

（3）气孔下腔　气孔下腔容积大，叶内外蒸气压差大，蒸腾快。

（4）气孔开度　气孔开度大，蒸腾快；反之，则慢。

因此，植物降温增湿能力的研究需要从植物叶片气孔特性研究和生长环境特点进行，但在同质的环境条件下，植物降温增湿能力仅与植物种类相关。

植物降温增湿生态效益可以从不同植物蒸腾作用的生理指标获得，主要有：

（1）蒸腾速率（Transpiration rate）　又称为蒸腾强度或蒸腾率。指不同植物在单位时间、单位叶面积通过蒸腾作用散失的水量，常用单位 $g/(m^2 \cdot h)$。大多数植物白天的蒸腾速率是 $15~25g/(m^2 \cdot h)$，夜晚是 $1~20g/(m^2 \cdot h)$。

（2）蒸腾效率（Transpiration efficiency）　是指不同植物每蒸腾 1g H_2O 时所形成的干物质的克数（g/g）。一般植物的蒸腾效率为 0.001~0.008。一般意义上认为，蒸腾效率高的植物生长快；反之，速生植物（生长快的植物）具有较高的蒸腾效率。

（3）蒸腾系数（Transpiration coefficient）　又称需水量，指不同植物每制造1g干物质所消耗水分的克数，是蒸腾效率的倒数。蒸腾系数越低，则表示植物利用水的效率越高。大多数植物的蒸腾系数为125～1000。木本植物的蒸腾系数比较低，如松树约为40；草本植物蒸腾系数较高，玉米约为370，小麦约为540。

因此，度量植物降温增湿生态效益的最简单的方法是测定植物蒸腾作用的生理指标。

（一）蒸腾速率的测定

根据蒸腾的本质可知，蒸腾速率的计算如下：

$$蒸腾速率\ W_E \approx \frac{气孔蒸腾动力}{气孔蒸腾阻力} = \frac{气孔下腔蒸气压 - 叶外蒸气压}{气孔阻力 + 扩散层阻力}$$

（公式 1－12）

蒸腾速率的常见测定方法有三类（张志良等，2003）：第一类为直接测量法，主要包括称重法（整体称重法和离体称重法）、蒸渗仪法、整树容器法、稳态气孔计法、风调室法、水量平衡法、光合测定仪法等；第二类为间接测量法，主要包括组织热平衡法、热脉冲法、热扩散式探针法、涡动相关法、遥感法等；第三类为估算法，主要有波文比法、彭曼联合法等。其中离体快速称重法和光合测定仪法最为常见，热扩散式探针法在国内已有相关应用。

1. 离体快速称重法

离体快速称重法是最为常见的蒸腾速率测试方法。植物蒸腾失水，重量减轻，故可用称重法测得植物材料在一定时间内所失水量而算出蒸腾速率。植物叶片在离体后的短时间内（3～5min），蒸腾失水不多时，失水速率可保持不变，但随着失水量的增加气孔开始关闭，蒸腾速率将逐渐减小，故此方法应快速（3～5min）完成，确保蒸腾失水量不超过含水量的10%；同时，为保证不受误差影响，植物材料初始重量≥20g。测定公式如下：

$$蒸腾速率\ W_E = \frac{蒸腾失水量}{蒸腾面积 \times 测定时间}$$

$$= \frac{初始重量 - 第二次重量(g)}{总叶面积(cm^2) \times 两次称重时间差值(min)} \times 600g/(m^2 \cdot h)$$

（公式 1－13）

叶面积的测定方法同前。

2. 采用植物光合测定仪直接测量

采用植物光合测定仪直接测量植物蒸腾速率是当前应用的主要方法。植物光合测定仪的开路系统通量的测量中，蒸腾速率 E 和光合速率反映了空气经过气室时 CO_2 与 H_2O 浓度的变化，蒸腾作用也引起了出室气流流速 u_o 大于入室流速 u_i。根据这一事实，得到了蒸腾速率 E 的计算公式：

$$E = \frac{F(W_s - W_r)}{100S(1000 - W_s)} [\text{mol } H_2O/(m^2 \cdot s)] \qquad （公式 1 - 14）$$

式中：F 为气流量（$\mu mol/s$）；S 为叶面面积（cm^2）；

W_r 为参比水摩尔比（$mmol\ H_2O/mol$ 空气）；W_s 为样品水摩尔比（$mmol\ H_2O/mol$ 空气）。

换算为质量单位，则公式为：

$$W_E = 18 \times \frac{F(W_s - W_r)}{100S(1000 - W_s)} [g/(m^2 \cdot s)] \qquad （公式 1 - 15）$$

对比离体快速称重法，此方法能够更加准确地度量活体植株叶片的蒸腾速率，并能在不伤害植物的条件下直接读数。

此外，间接测定法中，热扩散式探针法（Granier 法）与遥感法测定植物蒸腾速率的方法值得一提。

Granier 法的原理是，由于树干的边材部分是树木水分运输的通道，因此边材部分的水分流量可看作是整株植物蒸腾失水量（American Society for Testing and Materials，1981）。因此，应用茎流技术测定的蒸腾耗水量可以看作树木实际的蒸腾耗水量。刘海军（2007）等就采用该方法进行了研究。但该方法实际测量的是茎流，为植物体内吸收水分的速率。植物体内吸收水分速率与植物的蒸腾速率具一定的相关性，但两者并不能等同，因此，该方法仅能够作为参考佐证植株蒸腾的作用。

遥感法的原理是，通过遥感数据获得植被表面的反照率和长波辐射量，从而推算地面植被覆盖信息、表面温度以及该温度下的饱和水汽压，再与地面常规气象观测数据结合来估算蒸腾速率。该方法适于大面积范

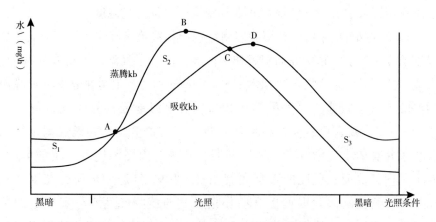

图 1-3　植物吸水速率与蒸腾速率关系

说明：图中，A、C 点表示植物吸水速率与蒸腾速率相同，但整体上吸收曲线峰值滞后于蒸腾曲线峰值，而且，仅当 $S_2 > S_1 + S_3$ 时，植株处于生长期。

围的测定，但由于数据来源于遥感与地面观测数据，因此，受地形、天气因素影响较大，且耗资昂贵，难以实施（王安志等，2001；马玲等，2005）。

（二）蒸腾效率的测定

从定义看出，蒸腾效率与植物的蒸腾速率、植物光合速率相关。计算公式如下：

$$蒸腾效率\ \eta = \frac{E[\,mol\ H_2O/(m^2 \cdot s)\,]}{P[\,mol\ DM/(m^2 \cdot s)\,]} = \frac{蒸腾速率}{光合速率 \times CO_2\ 转化为干物质的转化率}$$

$$= \frac{E[\,mol\ H_2O/(m^2 \cdot s)\,]}{P[\,mmol\ CO_2/(m^2 \cdot s)\,] \times 0.67}$$

（公式 1-16）

式中：DM 为干物质（Dry Material）；E 为蒸腾速率；0.67 为 CO_2 转化为干物质的转化率。

高温对城市气候、工农业生产和居民生活等各个方面都会产生很大的影响，特别是在炎热的夏天，持续的高温影响更大。连续的高温天气会使城市工商用电、居民用电等能耗剧增，造成电力紧张，居民感到不适和烦躁，甚至会引起各种疾病（叶功富，2002）。而城市绿地可以通过蒸腾作用释放水分，降低地表和空气温度，增加空气湿度。

在20世纪80年代已有实验表明绿色植物覆盖建筑外墙具有降低环境温度的作用，说明植物叶面蒸腾作用改善和降低了气温。叶功富（2002）在厦门的研究结果表明，凤凰木 *Delonix regia* 作为行道树在夏季具有降温增湿的小气候效应。金为民等（2002）对上海地区具有代表性的片林（上海市浦东新区唐镇大众村片林）进行了实地测定，并根据测定数据分析了片林的小气候效应，结果表明：片林对周围环境有一定的影响，对上风向的温度、湿度的影响尤其明显。1992年进一步研究在夏季利用绿色植物控制墙面温度上升的作用及其与植物叶面水分蒸腾量的关系，结果表明绿化植物覆盖的墙面表面温度比无绿化覆盖的墙面表面温度低10℃，绿化覆盖墙面室内温度约比无覆盖墙面室内温度低7℃。1993年，测定了几种园林植物单位叶面积蒸腾速率，不同树种叶面积蒸腾速率不同蒸腾量则不同，潜热消耗量也不同，对气温的改善能力也不同。

总的来说，目前的研究大都是在群落水平评价不同绿地类型的降温增湿效应，或者以空旷地作为对照，研究绿地对小气候的改善效应。对个体园林植物降温增湿效应比较研究的还不多见，而了解不同种类园林植物的降温增湿效应的差异，对于园林植物的遴选无疑有很大的现实意义。

三　杀菌减菌及吸收有毒气体

植物群落是植物群体的自然组合，能分泌出大量植物杀菌物质。据统计，全世界的森林每年要散发出大约1.77亿t的挥发性物质（赵勇等，2002）。许多文献论述了植物杀菌作用的生态效益，探索了城市绿化对减少空气含菌量的重要作用。尼洛克统计证明，1000株/hm² 的圆柏林，可以分泌出30kg/d的挥发性油类。这些物质能均匀地扩散到森林周围2km远的地方，杀灭随着尘埃飘浮在空气中的细菌。林地挥发性分泌物对空气、水源及土壤中病原菌具有杀伤能力（CH. 尔诺布里文科，1961）。植物群落大小对空气含菌量影响很大。各类林地的空气含菌量都较无绿化地少，其中松树林中含菌量最少，柏树林次之，杂木林的杀菌作用最差

（南京市环保所，1976）。城市绿化与无绿化地区空气中细菌菌落数的对比证明，绿地环境具有杀菌作用。在城市同一类地区中绿地空间的菌落数明显少于非绿地空间的菌落数。不同植物群落内空气含菌量也不相同，柏林内的细菌菌落数最少，约是以毛白杨 *Populus tomentosa* 为主的片林中菌落数的 2.6%，显示出圆柏林的杀菌作用最好（刘福才等，1987）。森林植物散发的成分很复杂，且散发量与气候条件关系很密切，具有日变化和季节性变化的规律性（只木良也，1992）。植物对于一定浓度范围内的大气污染物，不仅具有一定程度的抵抗力，而且也具有相当程度的吸收有害气体的能力。植物通过其叶片上的气孔和枝条上的皮孔，将大气污染物吸收入体内，在体内通过氧化还原过程进行中和而成无毒物质（即降解作用），或通过根系排出体外，或积累贮藏于某一器官内。不同种类植物生态功能上的差异，使其环境保护功能有显著的不同（鲁敏等，2002）。选择抗性强和吸收净化有害气体能力强的园林植物，是进行园林绿化应该考虑的重要问题之一。目前针对园林植物抗污能力的研究很多，为园林植物的选择提供了帮助。如鲁敏等（2002）、李娥娥等（2001）在园林植物对主要大气污染物 SO_2、Cl_2 和 HF 的吸收净化能力研究的结果表明：园林植物对大气污染物有一定的净化能力，净化能力对于不同的树种和不同的污染物有明显的差异，其中乔木是主要的净化植物。

四　吸滞尘埃

园林植物能够截留、吸滞城市大气中的粉尘，减少其中的碳、铅等微粒携带的有害细菌及病菌，从而净化空气。不同植物因树冠结构、枝叶密度、叶片着生角度及其表面细微结构等不同，其滞尘能力的差异很大。因此很有必要对城市园林绿化植物的滞尘能力进行测定、分析，以便在城市绿化中，有依据地选择具有较强滞尘能力的植物进行园林绿化。

针对园林植物滞尘能力的研究，国内近几年进行得比较多。其中，齐淑艳等（2002）采用"干洗法"对沈阳市具有代表性的 24 种园林植物的滞尘能力进行了研究。柴一新等（2002）对哈尔滨市 28 种植物进行了滞尘测定和叶表电镜扫描，结果表明：不同的植物滞尘量差异明显，可相差 2~3 倍以上，并提出以园林植物的滞尘能力作为城市园林绿化植物种类选择的重要依据之一。周志翔等（2002）应用景观生态学原理和对比分析的方法武钢厂区对绿地的滞尘效应进行了研究。结果表明：武钢厂区绿地的滞尘效应主要表现为对交通污染物及二次飞扬的阻滞作用。以乔木为主的防护林斑块平均面积大、滞尘效果好，滞尘率达 38.9% ~ 46.1%，但优势度不高；专类园和观赏草坪斑块植物种类丰富、景观效果好，但滞尘效果较差；道路绿带优势度和破碎化指数最高，构成了厂区绿色廊道网络，并在阻滞交通污染中起着重要作用，其中多行复层绿带的滞尘率比单行乔木绿带的高。刘艳等（2002）采用重量法对绿化适生树种的滞尘能力进行了研究，结果表明单株树木滞尘能力不仅与树叶表面有关，也与树冠以及叶片总面积有关。从单株滞尘量的排序来看，前五位的均属于适生乔木。此外，栗志峰等（2002）采用重量法对城市各种适宜的不同绿地类型对空气的阻滞作用进行了研究，从而提供在城市绿化中不同功能区所采用不同绿地搭配，使之发挥更好的作用；赵勇等（2002）对河南省郑州市不同园林植物的滞尘量进行了测定，通过建立相关模型研究了郑州市绿地系统净化大气的效应，并采用相关指标和评价分级方法，将植物的滞尘能力划分为 5 级。

由此可见，园林植物滞尘能力的研究已经成为园林植物生态效益研究的重点之一，而把园林植物的滞尘能力作为选择植物进行景观营造的重要参考指标也已达成共识。

五　消除噪声

植物的减噪作用主要是利用了植物对声波的反射和吸收作用，单株或稀疏的植物对声波的反射和吸收很小，当植物形成郁闭的群落时，则能有效地反射声波，犹如一道隔声障板。植物群落的组成种类不同，群落的结构不同，群落的减噪效应也不同。

陈振兴等（2001）采用噪声测量仪 RS232 对绿篱的减噪效果进行了研究，认为：绿篱是一种应用广泛的绿化形式，除其他的生态功能之外，减噪降噪作用也很明显。不同结构形式的绿篱减噪效果有差异，以高中低不同层次的灌木、乔木组成的密集绿篱，其减噪效果最好。因此，建设城市绿篱要尽可能采用既宽又高的密集型、多种植物搭配，以组成高中低多层次混合结构的绿篱屏障，达到既绿化美化城市又能减噪降噪的效果。陈秀龙等（2007）应用国产 HS5618 型脉冲式精密声级计对海口市街道绿化类型减噪效应进行了初步测定，结果表明：街道交通主干线道路两侧区域的昼间噪声没有超标；噪声源通过街道绿化带后都有不同程度的衰减；通过街头绿地的平均净衰减值最大，为 4.3dB；通过二板五带式和一板四带式绿化类型的街道噪声的平均净衰减值较大，分别为 2.4dB和 2.3dB。因此，海口市应该尽量多建设街头绿地和一板四带式、二板五带式街道绿化类型，使城市的声环境质量保持在较高水平。张春林（2007）对街道绿地、公共绿地、特殊绿地等的减噪作用进行了阐述，总结了噪声的来源及防治噪声的必要性，认为防治噪声可从两方面进行：（1）利用技术改良，将产生的音源减低到最小；（2）将噪声的声源隔离或掩盖，并利用法令规章，彻底执行以限制噪声污染。张明丽等（2009）用 HS6288B 型噪声频谱分析仪在上海市区选取 23 个有代表性的城市植物群落进行了减噪效益的测定，结果表明：植物群落对噪声的减弱效果和群落的结构组成有关。针叶树林和常绿阔叶树林的减噪效果最好，噪声衰减值均大于 10dB；植物群落对噪声的减弱效果明显优于空旷地；建群种相同、林下层次多、植物种类丰富的群落对噪声的衰减效果优于林下无植被的群落；以落叶植物为优势种的群落在生长期对噪声的衰减值比落叶期高 4~5dB。

从相关研究可以看出，当前园林植物消除噪声的测定方法比较简单，主要是利用声级计进行测定，而测定的对象主要为不同园林植物群落。

六 植物耐阴性

我国对植物耐阴性深入系统的研究，大部分都是近 30 年进行的。在此之前，前辈们一般均凭经验，以"耐阴、耐半阴、喜侧方遮阴、喜阴"等感性词语描述植物的耐阴性，在进行园林绿化设计、种植设计时，往往除适应景观命题或立意的需要外，主要依靠对植物栽培经验的积累和观赏特性的掌握。再加之传统园林建设中受对植物片面追求其人格化、艺术性等观念的影响，导致对植物深入的生理生化的研究长期被人们忽视。随着城市森林建设、植物造景（苏雪痕，1989）的热潮兴起，对植物生态习性及生物学特性的研究提上了日程，特别是对植物耐阴性的研究日益引起人们的兴趣。早在1976年苏雪痕教授就开始对杭州植物群落中的5种植物在不同光照条件下的生长发育情况及光合作用特性等做了初步的研究，提出了园林植物耐阴性及配置的理论（苏雪痕，1981、1989和1994；王雁，1996）。陈有民（1990）对华北地区常见的乔木耐阴能力做了经验性的排序，并指出判断树木耐阴性的方法包括生理指标法和形态指标法。北京市园林科学研究所陈自新等（1989、1995和1998）在调查北京市区55种树木适应性的基础上，对其应用进行了评述，划分为强耐阴植物、强阳性植物和耐半阴植物3类。广州园林科学研究所、中国科学院植物研究所分别对广州常见的32种室内观叶植物进行了不同光照条件的研究，认为单位面积鲜质量、干质量、单叶面积、叶片解剖构造、生长量及光合作用特性与耐阴程度相关，并对一些植物的耐阴性做了等级划分（敖慧修，1986）。陈绍云等（1992）认为叶绿素总量及叶绿素a/b值与植物耐阴性具有一定的相关性。罗宁（1992）通过对8种室内观叶植物叶片的解剖构造观测，分析了阴生植物叶片结构与耐阴性的关系。白伟岚（1993）通过对50种植物的光合特性曲线的分析，认为光补偿点、光饱和点是评价植物耐阴能力大小的可靠指标，而叶绿素含量及叶绿素a/b值的高低与耐阴能力相关规律有待于进一步的研究；同时对8种较耐阴的植物进行了盆栽人工控制光强的光合作用研究。上海园林科研所张费庆等（2000）在综合研究绿化植物叶片解剖结构、生理物质和光合蒸腾特性等的基础上，通过对各种指标与遮阴下植物植株生长相对量的相关性分析，建立了以叶片下表皮厚度、栅栏组织、海绵组织、叶绿素、叶片含水量和光补偿点等指标组成的城市绿化植物耐阴性诊断指标体系，并利用多元统计方法，对上海14种绿化灌木的耐阴性进行综合评价和比较。以上研究是以宏观观察和形态解剖研究为主，同时涉及光合作用特性及植物耐阴性的生理机理。

第三节　西藏园林植物生态效益研究方法的选择

一　测定项目选择

园林植物生态效益的研究项目较多，但综合后主要是集中在固碳释氧能力、降温增湿能力、减尘滞尘能力、杀菌减菌能力、消除噪声、耐阴性等六个方面。首先，西藏地区地域广阔、空气稀薄、氧分压低，如何提高氧分压是园林植物生态效益的研究重点，因此，在探查西藏园林植物种内基础上，固碳释氧能力必须作为本地区园林植物生态效益研究的第一重点。

其次，西藏地区各城镇主要位于河谷地带，河谷风携带的尘土对城镇环境的危害严重，因此，测定园林植物的减尘滞尘能力是西藏园林植物生态效益评价的重点之一。

再次，西藏地区日夜温差大、紫外线辐射大、蒸发量大，园林植物生长季节中，正值紫外线辐射最大的季节，因此，利用园林植物的降温增湿能力防止紫外线辐射对人体的危害以及增加空气湿度是重要的园林植物生态效益之一。

最后，西藏地区医疗条件相对滞后于世界同期水平，因此，园林植物的杀菌减菌能力是防治流行疾病的有效手段。

综合测定项目的分析，认为：西藏地区园林植物生态效益评价的重点指标应该包括：固碳释氧能力、降温增湿能力、减尘滞尘能力、杀菌减菌能力等4项指标的测定。

二　测定方法选择

西藏地区园林植物生态效益评价的重点指标是固碳释氧能力、降温增湿能力、减尘滞尘能力等3项指标的测定。但研究文献中的测定方法多样，为便于和国内外研究成果的比较，需要进行测定方法的选择。根据园林植物生态效益研究方法的调查，各类型的测定方法有以下几个。

（一）固碳释氧能力的测定

1. 采用光合速率估算固碳释氧能力，即：用光合作用测定仪测定园林植物单位叶面积吸收 CO_2、释放 O_2 的能力。

2. 采用 Nowak 叶面积数学模型计算叶面积参数，根据 Thomthwaite Memorial 模型估算绿地净初级生产力，并根据光合作用方程式估算固碳释氧能力。

（二）降温增湿能力的测定

1. 采用便携式温度计进行不同植物覆盖条件下同期温度的测量。

2. 结合园林植物光合作用的测定，用光合作用测定仪测定不同植物叶片表面的温度和蒸腾速率，间接反映植物降温增湿能力。

（三）减尘滞尘能力的测定

常用的方法是：采用"干洗法"获取园林植物叶片表面的滞尘量，通过重量称重差异的比较得出不同园林植物的滞尘能力的差异。

综合分析认为：西藏地区园林植物生态效益评价的重点指标（固碳释氧能力、降温增湿能力、减尘滞尘能力、杀菌减菌能力）测定方法上，为便于与国内外相关研究成果的比较，固碳释氧能力应用 Licor – 6400 便携式光合作用测定系统进行测定；降温增湿能力的测定使用便携式数字温度计、PC – 4 全自动气象站，结合 Licor – 6400 便携式光合作用测定系统进行综合测定；减尘滞尘能力采用干洗法、重量法综合测定。

第二章　西藏城镇园林建设历史与现状

西藏城镇园林建设历史悠久，是在特定的高原环境下，在汉文化、佛教文化催化下形成的具有鲜明民族特色的园林类型。西藏园林中，以寺庙建筑见长，植物景观多延续自然植被景观，人工修饰痕迹浅，整个园林类型因水而活，整体粗犷，细部雕梁画栋，强调强烈的色彩对比，以规则式布局为主，局部采用自然布置，讲究借景、对景、夹景的应用，是一种和高原环境休戚相关的园林类型。

第一节　西藏园林建设的历史

西藏园林建设已经有1360多年的历史，在漫长的发展过程中，可分为萌芽期、形成期、发展期3个阶段。

一　园林萌芽期（633～1750年）

公元633年，吐蕃赞普（王）松赞干布统一西藏后，由雅砻河流域迁都到曲吉河谷的卧马塘（雅砻河流域位于山南地区南部，据藏文史籍记载，该区域是西藏古代文明的摇篮，藏民族的发祥地，现存有西藏建造最早的宫殿雍布拉康，西藏规模最大的藏王古墓群以及建于松赞干布时期的昌珠寺等），开始了拉萨的建设（傅崇兰，1994、2008）。641年，唐、吐蕃联姻，文成公主进藏以后，相继兴建了大昭寺、小昭寺和布达拉宫等著名建筑。877年，吐蕃王朝灭亡，布达拉宫被毁。15世纪初，喇嘛教格鲁派始祖宗喀巴到达拉萨，并于 1409 年亲自率师于拉萨东 40km 的噶丹山兴建噶丹寺（位于拉萨市达孜县旺波日山），成为宗喀巴坐床之所。之后，又由宗喀巴弟子先后于拉萨城西建哲蚌寺，于城北建色拉寺。1645 年，五世达赖阿旺·罗桑嘉措重建布达拉宫。1648 年，白宫部分建成，1653 年五世达赖由哲蚌寺移居于此；1690 年，红宫部分建成；1694 年布达拉宫内为五世达赖喇嘛兴建的灵塔建成，此时，布达拉宫真正建设完成。布达拉宫承红山之势拔地而起，形成高 117.2m，长 360m，外观 13 层，有殿堂 999 间，总面积 13hm² 的石木结构雄伟建筑群（张镱锂等，2000）。

在该时期，能够体现拉萨园林已经初具自身特色的是红山后的宗角禄康的初步建成。宗角禄康是在布达拉宫的建设过程中，以大量取土形成的一个巨大池塘为基础开始建设的，由素有"风流活佛"之称的六世达赖仓央嘉措直接设计、施工完成。建设时，充分利用已有植被，于池塘的中间按照藏传佛教仪轨中的坛城模式建设了一座阁楼——"禄神殿"，用于供奉女"禄神"（居住在地下和水中的一类神灵的总称，即水神）；并建设了一座长 20m、宽 3m 的五孔石拱桥与外界连接，形成了相当的规模。这是在西藏寺庙园林中首次开始综合应用植物、水系、山石建设寺庙的记载，它突破了原先西藏寺庙布局的禁锢，开创了西藏寺庙园林的历史先河。其后，八世达赖强巴嘉措、十三世达赖土登嘉措进行了整治。

在该阶段中多数寺庙只注重土木建筑，对植物的应用处于被动状态，只在辩经场等地开展人工栽培乔木树种，没有注意到植物群落结构应用，下层植被均为自然植被。主要应用的园林植物有：大果圆柏 *Sabina tibetica*、侧柏 *Platycladus orientalis*、左旋柳 *Salix paraplesia* var. *subintegra*、榆树、核桃 *Juglans regia*、山桃 *Prunus davidiana* 等，总计应用植物 30 余种。

萌芽期的西藏园林特别注重建筑和自然环境的统一。布达拉宫依山就势，园路陡峭，以高原特有的空旷而蔚蓝的蓝天为背景，映衬出了布达拉宫的雄壮；宗角禄康，借助于布达拉宫建设过程中形成的土坑而建成，低处积水为"潭"，岛上设"亭"，园内外采用桥梁连接，自然植物参差分布其间，也体现了对自然的一种尊重。

该时期的庄园园林绿地整体处于发展起步阶段，充分利用自然景观，几乎没有人工痕迹，只在自然林地、沼泽边缘片林中点设帐篷等。这种园林环境突出反映了藏族世代在大草原自由放牧，与天地为伴、与牛羊为伍的一种纯朴而开放的思想情愫。14 世纪中叶，随着帕木竹巴王朝（1354～1618）首任第悉大司徒强曲坚赞废弃了萨迦政权时期实行的"万户制"，建立了"宗谿"体制，将其作为地方一级行政建制推行于乌思藏地区后，出现了结合农业生产以花果园的形式存在其中的园林式庄园，现存最具代表的是朗赛林庄园（又作"朗色林庄园"，位于山南地区扎囊县朗色林乡）。据《扎囊县文物志》（94 页）记载："在庄园外南侧，有一座风景秀丽的花果园，其面积不亚于庄园围墙内的面积。"园林式庄园的出现为人工"林卡"的出现奠定了基础（索朗旺堆等，1986）。

二　特色园林形成期（1751～1951 年）

这个时期是历史上西藏园林的发展第一高峰期。其中，在 20 世纪上半叶，西藏园林开始表现出对外来建筑文化容纳的新特性。尤其是十三世达赖喇嘛掌权后，曾派一些贵族子弟到印度和英国等地去学习，这些人回来后，带来西方先进文化和现代生活习俗。20 世纪 40～50 年代，拉萨很多贵族纷纷从拥挤的老城里搬出，在城郊新建带有园林的住宅，从而出现了许多独家独院的园林式宅院，庄园主体建筑掩映于树木花丛之中，颇有原野之风。据《西藏自治区概况》（西藏自治区概况编写组，1984）记载：至民主改革前西藏贵族家庭仅有 197 家，但仅在拉萨就建设了大大小小功能不同的林卡 39 处，主要有庄园（谿卡）、寺庙林卡和行宫等；其中最具特色的、集园林与宫殿建筑为一体的、规模最大的园林就是罗布林卡。

罗布林卡，俗称夏宫，藏语意为"宝贝园林"，位于布达拉宫西南约1.5km 处。罗布林卡建园以前，这里是一片林木茂盛、流水潺潺、飞禽走兽出没之地，人称"拉瓦采"，拉萨河故道从中穿过，形成了许多池塘。据藏文文献记载，七世达赖喇嘛格桑嘉措因患病在身，每年夏天到这片灌木丛中的一眼清泉沐浴疗疾。1751 年，当时的驻藏大臣班第·纳

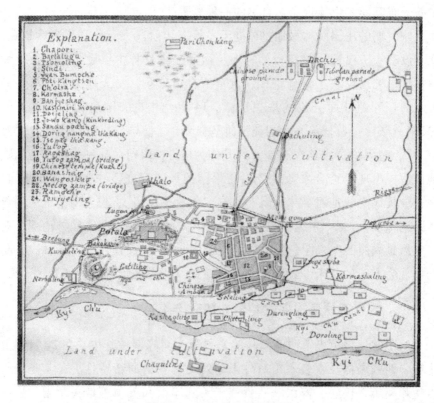

图 2 – 1 1891 年拉萨市地图

说明：此图引自威廉·伍德维尔·罗克希尔著《西藏——源于汉文资料的地理学、人种学、历史学概述》。

穆扎尔（那木扎勒）奉清廷乾隆皇帝的旨意，在"拉瓦采"为七世达赖喇嘛修建了供其沐浴后休息的宫殿——"乌尧颇章"，乌尧，藏语为帐篷，颇章即宫殿，故又名"帐篷宫"，亦称"凉亭宫"。1754 年，七世达赖喇嘛在乌尧颇章东侧又建了一座以自己的名字命名的三层宫殿——格桑颇章（贤劫宫），内设佛堂、卧室、阅览室及护法神殿、集会殿等，被历代达赖作为夏天办公和接见西藏僧俗官员的地方。1787 ~ 1790 年，八世达赖强巴嘉措在此基础上扩建了恰白康（阅览室）、康松司伦（威镇三界阁）、曲然（讲经院），并把旧有的池塘开挖成湖，按汉式亭台楼阁的建筑风格，在湖心建了龙王庙和措吉颇章（湖心宫），两侧架设了石桥。1922 年，十三世达赖喇嘛土登嘉措对罗布林卡再兴土木，在西南新建金色林卡和三层楼的金色颇章，并种植大量花草树木。为扩建罗布林卡，十三世达赖喇嘛曾专派工匠去北京学习装修的各式作法与布置方式。园内建筑的木隔扇、窗棂的形式及纹饰、雕刻等，基本上采用了汉式的处理手法。金色颇章中的图案如八仙过海、福禄寿禧、龙凤花草等，都与内地相同。1954 年，十四世达赖喇嘛丹增嘉措又在北面建了达旦米久颇章（新宫），使罗布林卡发展为今天的规模。罗布林卡内的建筑有宫殿、经堂、佛殿、辩经台，有观戏楼和表演广场，有办公用房、居住用房以及库房、马厩、花房，还有亭、廊、阁等。建筑类型多样，造型丰富（周维权，1993；汪永平等，2002）。

罗布林卡是藏、汉文化融合的产物，它集中体现了藏民族在造园、建筑、绘画、雕塑等多方面的艺术成就，标志着西藏特色园林的形成。建设过程中，综合应用了在历史发展过程中逐渐形成的寺庙园林、庄园园林的艺术特色，结合汉文化园林艺术特点，形成了西藏特色的行宫园林类型。它的特点是没有人工堆叠的山水地形，也没有应用回环往复的廊道来划分空间，而更多的是依托古树参天的林地形成自然分割，在局部区域构建建筑群，建筑群内再构建广场、藏式宫殿、水池等，形成一个无意识基础上的内向耗散自活系统；建筑群之间通过幽静而开阔的密林联系。罗布林卡在借景方面也有自己独到的应用，远借布达拉宫和拉萨后山，使园内景观有了强有力的背景支撑，鎏金的藏式寺庙顶在阳光的照射下，与背景交相辉映，使金顶在绿树掩映下，更加璀璨夺目。

罗布林卡由建筑区域和金色林卡区域构成，两个区域的整体布局差异较大。宫殿建筑区域以格桑颇章和新宫为主体，整体上采用规则式布局，其中的道路、辩经场、水池的布局均为规则式，植物配置也是规则式栽培，多对植、规则丛植，体现了藏传佛教要求的规矩、严整、等级森严的精神内涵；同时，鎏金外观的建筑轮廓与大殿内昏暗、凝重的氛围形成强烈的对比，进一步突出了各种宫殿、佛殿内的庄重、肃穆、神秘的感觉。而金色林卡区域则在规则式的布局中融入了自然式的布置成分。

该时期，西藏园林的第三类型——行宫园林形成。在行宫园林建设过程中，西藏人民开始注重了植物材料的应用，在罗布林卡内栽植了大量的植物，主要有雪松 *Cedrus deodara*、大果圆柏、侧柏、杨 *Populus spp.*、柳、榆树、槐 *Sophora japonica*、月季、西藏箭竹 *Fargesia macclureana*、大丽花 *Dahlia pinnata*、翠菊 *Callistephus chinensis*、波斯菊 *Cosmos bipinnatus* 等，园林植物种类已经达到 156 种（含室内栽培植物）。植物配置上，开始应用丛植、对植、孤植等多种形式，并注意到了植物的群落结构，开始采用"乔、灌、草"复层方式配置植物。至此，西藏特色园林整体雏形形成。

该时期庄园园林发生了极大的变化，一般是在庄园主楼前后或邻近主楼的开阔地段另辟地造园，类似于汉族的宅园或别墅园。园林与主楼相对独立，即在主楼附近的开阔地段修建园林，同时园林与主楼各自成体系，周边矮墙围绕。园林主要用作主人夏天避暑、消夏。如山南拉加里王府有冬夏两个宫区，冬宫就是庄园的主体建筑部分，位于曲松河沟南岸的平原上；而夏宫，也就是园林部分，位于河谷地带的树林中，两者之间的距离较远。又如日喀则的帕拉庄园，可以直接从主楼经侧门进入园林内，联系较为紧密。更有主楼融于园中的，这种布局关系主要表现在后期的庄园园林中，尤以拉萨城郊贵族住宅园林为代表，如拉萨江罗坚贵族住宅园林。

三 现代园林发展期（1951～）

1951 年后，西藏行政机构、社会服务机构和道路系统等的建设，推动了西藏园林飞速发展。该时期建设完成的主要园林绿地有：布达拉宫广场、自治区政府各部门单位绿地、拉萨市八一农场、西藏农牧科学院、市园林局苗圃，并逐步修缮了宗角禄康、罗布林卡、公德林、色拉寺、哲蚌寺等多处园林古迹。1999 年，拉萨市建成区园林绿地已达到了 2406.00hm²；园林植物种类达到了 300 多种。同时，为保持拉萨的高原宗教城市特色，西藏自治区建设厅开展了大量的测绘工作，将拉萨古建筑的特色进行了历史挖掘，开始应用到了混凝土结构的现代建筑中，取得了良好的效果。

此后，"一江两河"工程、"拉贡公路绿色通道"工程、"拉萨外围

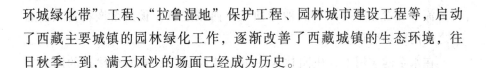

环城绿化带"工程、"拉鲁湿地"保护工程、园林城市建设工程等，启动了西藏主要城镇的园林绿化工作，逐渐改善了西藏城镇的生态环境，往日秋季一到，满天风沙的场面已经成为历史。

四 西藏园林艺术分析

西藏园林是伴随着"宗豁"与藏传佛教的发生、发展而逐渐形成的。在它的发展历程中，始终带着浓重的政权、宗教色彩，是雪山冰川孕育出的"世界第三极"文化，是独特的藏式传统建筑、雪域风光、神秘的藏传佛教、别样的风俗习惯、古朴的生活方式融合后逐渐形成的园林类型。通过分析西藏园林发展的历史，我们可以看到以下西藏园林艺术的特点。

（一）尊重自然

高原自然风光是西藏园林艺术的第一景观。西藏园林是在寻求与自然的和谐中发展而来的，整体体现出遵循自然、合理布局的特点。西藏地处高原，强烈的紫外线使得高原野生花卉的花色尤其鲜艳，高寒、恶劣的生态环境也使得高原野生花卉常常在矮小的植株体上盛开着硕大的花朵。清澈见底的雅鲁藏布江时而安静如镜，时而激昂如潮；平静时，游鱼历历在目，草地如缎缓缓伸入其中；激昂时，如烈马脱缰，沿着山谷咆哮而去，卷起了片片白色的浪花，两岸遍布被水流冲刷形成的卵石。烈日高悬天宇，山巅白雪皑皑，山下成片的羊羔如花般绽放在碧绿的草甸上。自然界的启发促使了藏族人民形成了独特的审美观，雪山、草原、湖泊、河川、蓝天、白云，只在世界屋脊才有的高原风光构筑了西藏园林的整体景观框架，这样一个壮丽和抒情的高原自然环境是内地任何一个城市都无法比拟的。身处这样一个高原自然风光的藏族人民，当然要依附自然风光、尊重自然风光、反映自然风光。

西藏的寺庙大都依山而建，雄伟的山势使得各个寺庙在整个西藏尤为突出。初到拉萨，首先映入眼帘的就是布达拉宫、哲蚌寺、色拉寺等，寺庙金碧辉煌的屋顶装饰在阳光下熠熠生辉，使得寺庙景观成为了高原山体景观的点睛之笔，也更加增添了高原巍巍群山的气势。同时，西藏建筑一般也是依山傍水而建，高原地形地势的巨大变化使得西藏的山峦和河流都有着非常弯曲和美丽的曲线，西藏建筑，犹如镶嵌在群山、碧水之侧的颗颗明珠。

在水系的应用上，庄园林卡注重保持原状，形成纯自然式的园林类型，而寺庙园林和行宫园林则结合佛教意境的要求，加以整理，形成放生池或休憩场所。典型的水系应用模式有：罗布林卡内龙王殿水池、宗角禄康放生池等。

植物配置上，在萌芽期均大多依托自然植物群落结构，只在辩经场、法坛等处设置规则式片林，形成佛教中要求的规矩、严谨的氛围。西藏园林形成期的各种园林中，人工栽培植物才开始注重群落结构，并将汉文化中的植物配置模式引入西藏园林之中。

（二）藏式传统建筑特点突出

在漫长的历史长河中，西藏形成了自己鲜明而独特的建筑形式和艺术风格。具体体现在多样的园林建筑形式（如碉房、草原明房、高原平顶屋、板棚屋、博嘎尔竹楼等）、相对单一的建筑体量（一、二层为主，寺庙建筑多在三层以上）、丰富的色彩（象征吉祥、安宁的白色外墙，色彩绚丽的饰物）、依山傍水的布局等方面。

藏式传统建筑的形成与其自然环境是分不开的（徐宗威，2003）。从空间上讲，西藏山峰林立、河谷纵横，建筑遵照自然的要求，要么依山而居，要么临水而筑；从用材上讲，西藏海拔高、地质状况年轻、土壤分化程度低，不易烧制砖瓦，建筑材料只有选择土壤、木材、山石，因此，从建筑材料上来看，西藏建筑主要分为石木建筑和土木建筑两类；从功能上讲，以拉萨为代表的西藏城市是典型的中世纪宗教城市，长期政教合一的统治使得西藏古建筑以寺院建筑、庄园建筑、民居建筑三类为主，后两者在内部结构上也多少残留着寺院建筑的痕迹。从风格上讲，高原强烈的明暗对比、空旷的原野、鲜艳的色泽变化感染了藏民族的审美情趣，收分墙、梯形窗、松格门、边玛墙、柱拱梁以及特有的色彩与装饰图案的运用，都是西藏建筑在高原环境下形成的独有的特征。

建筑是凝固的艺术，继承和发扬西藏传统建筑的艺术形式与艺术风格，自然是营造西藏特色园林最浓重的一笔。

（三）藏民族的深厚文化基础和藏传佛教文化是拉萨园林的灵魂

西藏人民淳朴、勤劳，在长期的劳动中，逐渐认识了高原特有的自然美。尤其在色彩的配比上，特别注重鲜艳色彩的应用。无论在绘画、造园还是在生活中，鲜艳的色彩构成了"藏式美"的灵魂。拉萨妇女天然色素染织的服装上有象征天、地、水、火、云的五色条纹，节日盛装上布满了巨大的色彩鲜艳的宝石。建筑上，采用白色的涂料粉刷外墙，在建筑饰物上采用大量的彩绘装饰，使得整个建筑犹如在雪地中盛开的莲花。这些都是佛教在西藏盛行前形成的高原审美观。这种独特的高原审美观，在西藏园林艺术中，得到了充分的体现，甚至融入了佛教思想中，形成了特色的藏传佛教。

在西藏，宗教既是经院的哲学，更是普遍存在的生活方式，它渗透到西藏社会生活的各个领域和各个方面。藏传佛教文化也是城市特色的一个重要部分，来西藏的人都会有这样的感觉，西藏的寺院和庙宇格外多，现存的就有1787处，而且在每一个家庭甚至是每一个藏人的居室或帐篷里，都有供神或作祭祀用的经堂或佛案。《宗教的冥想》一文中讲到，"在漫漫的西藏社会历史发展中，保存并登峰造极地发展了一切宗教启始阶段所共有的仪式，造就了举世罕见的大场面、大声势、大气氛"。宗教文化已经成为西藏城市的一个鲜明的特色，宗教祀祭的场所和仪轨在拉萨古典园林中时刻成为主题之一。

总之，西藏园林特色是在高原独特的自然景观中逐步形成的，高原独特的自然景观、独具匠心的西藏建筑、藏民族的深厚文化基础和藏传佛教文化是西藏园林的特点。

五　西藏园林发展的思考

西藏园林的发展至今已经有1360多年的历史了。在历史的长河中，西藏历经了无数次的政局动荡，甚至外来列强的入侵，但西藏园林凭借西藏独特的自然景观，依附西藏经济的发展和佛教传播，在藏族人民勤劳的双手中逐渐成形。在西藏园林处于发展期的今天，如何把握西藏园林，在继承的基础上发展园林特色，是西藏园林目前主要面临的问题。

（一）植物配置

从整个西藏园林的发展历程来看，西藏园林的发展主要注重园林建筑的应用，独特、恶劣的自然环境以及相对落后的生产力水平，使得西藏古园林只能以人工利用自然植被为主，无法开展大规模的植物造景工程，这成为西藏古典园林中唯一的缺憾。

西藏园林中应用的植物只有300多种，且上层乔木主要为杨柳科植物，如藏川杨 *Populus szechuanica* var. *tibetica*、银白杨、北京杨、新疆杨、钻天杨 *Populus nigra* var. *italica*、箭杆杨 *Populus nigra* var. *thevestina*、缘毛杨 *Populus ciliata*、白柳、左旋柳、绦柳 *Salix matsudana* f. *pendula*、垂柳。常见常绿植物有高山松 *Pinus densata*、油松、雪松、林芝云杉 *Picae linzhiensis*、侧柏、圆柏、大果圆柏、大叶黄杨、女贞、西藏箭竹等，其他落叶乔木或小乔木有核桃、山桃、杏梅 *Prunus mume* var. *bungo*、紫叶李、日本晚樱 *Prunus serrulata* var. *lannesiana*、苹果、山荆子 *Malus baccata*、垂丝海棠 *Malus halliana*、榆树、槐、龙爪槐 *Sophora japonica* f. *pendula*、刺槐、鸡爪槭、枸杞 *Lycium chinensis*、沙棘 *Hippophae rhamnoides* 等，常见灌木类有牡丹 *Paeonia suffruticosa*、月季、多种野蔷薇 *Rosa* spp.、玫瑰 *Rosa rugosa*、木香 *Rosa banksiae*、黄刺玫 *Rosa xanthina*、榆叶梅 *Prunus triloba*、紫叶小檗 *Berberis thunbergii* 'Atropurpurea'、小叶女贞 *Ligustrum quihoui*、金银花 *Lonicera japonica*、灰栒子 *Cotoneaster acutifolius* 等，常见应用草本花卉有大丽花、白花马蔺 *Iris lactea*、萱草 *Hemerocallis fulva*、金盏花 *Calendula officinalis*、翠菊、波斯菊、一串红 *Salvia splendens*、矮牵牛 *Petunia hybrida*、旱金莲 *Tropaeolum majus* 等。

可见，西藏园林中应用的植物材料很少，目前，仍然处于绿化阶段，且主要以落叶植物为主。这对于热爱自然，喜欢各种色彩斑斓花卉的西藏人民来说，是一个迫切需要解决的问题。综合历次考察西藏园林的心得，我们认为，在植物景观配置上存在的主要问题是以下几个。

第一，西藏绝大部分区域气候恶劣，尤其是冬春季节大风、严寒、干燥的气候，使得园林植物材料选择相对困难。因此，现有已经引种栽培成功的植物是不可多得的适于西藏应用的优秀园林素材，应该针对这些植物材料，结合西藏古园林的艺术特色，开展深入研究，从中寻求植物景观的合理组织方式。

第二，植物材料在西藏园林应用中，缺乏层次感，常以单一种（品种）构建大片的密林，在生态防护的同时，忽略了次生植物群落的演替所必需的自然环境条件，更谈不上人工群落结构的模拟了。突出表现在高密度、大量、成片、单一应用的杨柳科植物上。杨柳科中多数植物生境竞争过于激烈，对次生植物群落的自然形成不利，在以后的园林工作中，应该减少杨柳科植物以及其他生境竞争激烈的植物，最好采取孤植或仅作为城市防护林应用，不能直接作为城区园林应用。

第三，西藏园林缺乏整体规划，对植物的生长习性不够了解，在观赏植物应用中依然处于随意设置的状态。在已经引种驯化的植物中，多数属于强阳性植物，缺乏耐阴植物的选择，无法形成景观完整、功能全面的人工植物群落。在以后的园林植物配置中，应该对西藏园林绿地开展整体规划，加强园林植物引种驯化工作，增加园林植物材料的选择范围，努力寻求适于西藏应用的人工群落。

第四，西藏园林中，对草本花卉的应用不足。藏族是一个特别喜爱花卉的民族，在藏族的住所，几乎每家的阳台上均盆栽了大量的花卉。但在露地花卉应用上，缺乏对草本花卉应用方式的拓宽，物种稀少，常见的栽培方式依然是露地花坛、花境直接播种，且管理粗放，景观效果欠佳。因此，在西藏园林中，应加强草本花卉集约化育苗技术的引进和转化，使能够在西藏园林中应用的草本花卉尽快发挥观赏价值。

（二）建筑风格和体量

西藏古典园林中，特别讲究借景，如布达拉宫、罗布林卡、宗角禄康、哲蚌寺等，都借景拉萨后山和拉萨河，所以，各建筑物的建筑风格和体量，均保持了和这些大背景的统一。西藏园林的建设目标应该是：让山显得更高，让水显得更柔，让天显得更蓝，让云显得更白，让高原自然风光成为城市最亮丽的风景线。

在历史发展的长河中，西藏人民在朴素的生态思想意识下，根据自身依附的不同自然生存条件，逐渐形成了多种类型的建筑风格。如藏北牧区的牛毛黑帐、藏南林区的板棚屋和博嘎尔竹楼、雅江农区的高原平顶屋以及藏东地区的碉房（土呷，2003），这些都是与当地的自然环境相融合的建筑模式。不同环境条件下的不同建筑风格是人在自然环境中长期适应、发展的结果，因此，各种类型的建筑均能够很好地和当地自然融为一体，成为人们生存、生活的保护空间。

西藏山峰险峻、河流湍急、自然灾害频繁、建筑材料相对匮乏，因此，建筑体量一般不大，建筑材料的使用量较少，既减少了对生态环境的人为过度干扰（破坏），又降低了对建筑材料在刚性、韧性方面的要求，这也是西藏建筑中能够采用不加修整自然石和土壤建设"边玛墙"的原因。适当的建筑体量也更加映衬出了西藏雄伟壮丽、自然浑厚的自然环境，成为自然景观中匀称的点睛之笔。

园林是城市生态的依存者，也是城市韵律美的组成部分；建筑作为园林的主要组成部分，应该为城市的整体美而设计，而不应成为美丽自然景观中的瑕疵。

（三）水景设计

西藏园林中，水是一个重要的组成部分。如：拉萨原来就是拉萨河的河谷滩地，北靠群山，南临拉萨河，这里河流纵横，池塘如珍珠般散落四处。拉萨园林，从萌芽期开始，一直注重水景的应用，庄园园林就是在沼泽边缘的林地上发展而来的。拉萨寺庙园林中按照佛学的意境要求，一直建设有放生池，而拉萨园林的代表"宗角禄康"和"罗布林卡"更是因水而有园。

然而，西藏园林进入发展期后，单方面注重了建筑的发展，建筑面积不断扩大，水系却在逐渐萎缩，多数贯穿城中的河流也逐渐消失。如：现在的拉萨市内已经难以寻觅到一条完整的有景观价值的河流，拉萨市也由原来的"水上城市"演变成了不见水系的"旱城"。甚至有的游客不远万里来到西藏后，写下了这样的游记："拉萨是一个自古不注重水景应用的城市。"

可见，现代城市发展在扭曲西藏园林的本质特征，而要维护西藏园林城市的特色，也必须恢复西藏古园林"因水而活"的特征。恢复城市水系、完善城市水景景观是一项拯救西藏园林特色的紧急工程。

六 结果与讨论

西藏园林是中国古典园林中一颗璀璨的明珠，它是藏民族长期在高原生产、生活的必然产物，也是在汉文化、佛教文化催化下形成的具有鲜明民族特色的园林类型。在西藏园林中，以寺庙建筑见长，植物景观多延续自然植被景观，人工修饰痕迹浅，整个园林类型因水而活，强调强烈的色彩对比，整体粗犷，细部雕梁画栋，以规则式布局为主，局部采用自然布置，讲究借景、对景、夹景的应用，是一种和高原环境休戚相关的园林类型。

发展期西藏园林面对着许多问题的挑战：植物景观需要从新的层面上重新认识，建筑格局上面临着新、旧建材类型和建筑风格的挑战，城市的急剧膨胀使得西藏园林中的水景成分一度逐渐丧失。但随着西藏经济建设的进一步深入，借着西部开发的东风，在未来的道路上，西藏园林的发展不仅会拉动西藏旅游业的进一步发展，更能使西藏城镇成为适合人们工作和生活的绿色生态园林城市，形成具备西藏特点的以城镇为中心的经济发展区域。

第二节　西藏园林建设现状

城市绿地是城市生态系统的子系统，是由城市中不同类型、性质和规模的各种绿地共同构成的一个稳定持久的城市绿色环境体系。城市园林植物包括城市绿地系统中所有用地和地块中种植的植物。城市园林植物在城市生态建设中发挥着重要的作用，它们能大幅度地减少空气污染、提高城市空气质量，可以调节气温、改善城市小气候、降低空气中的噪声等；同时还能使城市居民在优美的绿地景观中放松心情、调节自我，改善和提高人们的生活质量。

园林绿地调查中，绿地类型、绿地面积计算原则与方法按照《城市绿地分类标准 CJJ/T85 – 2002》执行，并参照了马锦义等（2003）的研究成果，部分数据来源于《西藏自治区统计年鉴》（2004、2005、2012），苗圃调查参考了张强等（2003）的调查成果。

一 拉萨市园林建设现状

（一）拉萨地区概况

拉萨地区位于雅鲁藏布江中游河谷宽地，地处 N29°14′~31°03′，E89°46′~92°25′；东西长270km，南北宽约200km。土地面积29539km²，下辖城关区、林周县、当雄县、尼木县、曲水县、堆龙德庆县、达孜县、墨竹工卡县等1区7县，占西藏自治区土地总面积的2.46%。该区域属高原季风温带半干旱气候，年平均气温3~9℃，年均降水量为300~550mm，年均蒸发量2200mm，年均日照时数3190h，日照百分率约69%。10月至次年3月气温低、降水少、风大、干燥；4~9月气温升高（最热月均温11.2~17.0℃），降水量增多，一般6~9月为雨季，降水量占全年的83%以上，日照充足，蒸发量大，雨热同季。日温差大，年温差小，植物光能利用率高，有利于园林植物的生长（西藏自治区测绘局，2004；西藏自治区气象局，1985）。

（二）拉萨地区林业概况

受气候条件的限制和人为因素的影响，拉萨地区河谷地带的天然林稀少，主要的植被类型是由砂生槐 *Sophora moorcroftiana*、小蓝雪花 *Ceratostigma minus*、水柏枝 *Myricaria* spp.、乌柳（细叶红柳、筐柳）*Salix cheilophila*、锦鸡儿 *Caragana* spp.、沙蒿 *Artemisia salsoloides* 等组成的灌丛、草原，覆盖度20%~40%。其下发育的山地灌丛草原土，质地以沙壤土为主，肥力较差（杨小林等，1995）。

近年来，以拉萨市城关区及周边地区环城绿化工程和退耕还林工程为契机，拉萨地区实施了拉萨市药王山造林绿化工程，绿色通道工程，防沙治沙、人工模拟飞播造林试验，封山育林工程，环拉萨周围绿色工程，退耕还林工程等许多重大林业项目工程，并开展全民义务植树活动，进一步改善了全地区的生态环境。目前，全地区林业用地面积59.7万 hm²，其中有林地面积（含乔木林、灌木林、四旁树、苗圃等）为53.9万 hm²，宜林地面积为5.8万 hm²。有林地面积中，天然乔木林6100hm²，人工林2.58万 hm²，灌木林地49.8万 hm²（其中覆盖率>30%的有20.6万 hm²），林分蓄积量40万 m³有余，森林覆盖率为

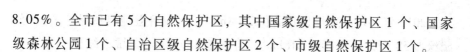

8.05%。全市已有 5 个自然保护区，其中国家级自然保护区 1 个、国家级森林公园 1 个、自治区级自然保护区 2 个、市级自然保护区 1 个。

2001～2005 年拉萨地区共完成绿化造林 1.79 万 hm^2，平均成活率达到 70% 左右，含周边工程造林 3900hm^2；退耕还林 1.89 万 hm^2，三荒造林 2600 万 hm^2，面上造林 9.50 万 hm^2，封山育林 9.42 万 hm^2；完成造林育苗 379.6hm^2，其中个体农户育苗 60.7hm^2（2003 年 23.3hm^2、2004 年 37.4hm^2）（西藏自治区林业厅，2012）。

（三）拉萨市园林绿地建设概况

拉萨市是西藏自治区首府，是西藏政治、经济、文化中心，是一座具有浓厚宗教气息和独特高原风光的城市，已经入选"中国优秀旅游城市"。从 2006 年起，拉萨市树立了建设、实现西藏首个"国家生态园林城市"的目标，城市绿化建设是实现该目标的一项重要内容。目前，拉萨市已具备多种类型的园林绿地，布局日趋合理，出现了点线面结合、城乡结合、平面与立体相结合等多样化的园林绿化形式，绿化建设与城市建设同步，环境效益日趋明显，绿化景观日趋优美，初步形成了较为完整的城市绿地系统。

拉萨市市区建成规模从 2001 年的 48km^2 发展到 2012 年的 62.8km^2。城市绿化方面，据 1991 年统计，拉萨城市绿地总面积 669.7hm^2，其中，公园面积 50.2hm^2，林卡面积 336hm^2，草地、花坛 233.3hm^2，苗圃 13hm^2，道路绿化 37.2hm^2。

2005 年，拉萨市城市绿地总面积已达到 1427.93hm^2，建成区绿化覆盖率 32.28%，绿地率 28.56%，人均公共绿地面积 9.52m^2，市区内有公园 2 座，苗圃 4 个，育苗面积 14.56hm^2，苗木品种达 30 余种。

2007 年底，拉萨市城市绿地总面积 1906hm^2（含拉鲁湿地自然保护区 620hm^2），绿地率 32.41%，绿化覆盖率 35%，人均公园绿地 23.84m^2（含拉鲁湿地自然保护区）。其中，拉萨市中心城区现有绿地 103.6hm^2，占城市建设用地的 1.8%，人均绿地 3.4m^2。

2007～2011 年，在完成 48 处新建公园绿地的建设基础上，又完成了包括河坝林公园、金珠中路绿化改造、堆龙三角绿地绿化改造、广西友谊小学门前道路绿化、罗布林卡北路景观绿地改造等绿地的建设。

2012年，拉萨市绿地总面积2708hm²（含拉鲁湿地自然保护区），公园绿地58个，草坪面积618hm²，苗圃地18.94hm²，城市绿化覆盖率达到43.13%，人均公共绿地面积10.99m²。

（四）拉萨市园林绿地类型

调查中，参考了多瓦才吉等（1994、1995）、李存东（2006）、曲俏（2004）、张志东等（2002）、旺堆（2006）等的调查、研究成果。

1. 公共绿地（公园绿地）

拉萨市城区公园绿地主要有罗布林卡、宗角禄康公园、慈松塘公园、疆觉曲米林卡、青年林卡等各类公园以及大小不等的街头绿地，磨盘山公园、药王山公园、哲蚌公园、色拉公园等风景名胜公园；新建3个市级公园，分别是东嘎公园、柳梧公园、东城中心公园；新建12个片区级公园，分别是藏热公园、会展公园、东欣公园、八一公园、西城公园、流沙公园、巴林公园、堆龙西园、堆龙东园、乃琼公园、羊达公园、百淀公园；新建1个植物园。

（1）拉萨市城区重点公园绿地

表2-1中，布达拉宫广场绿化覆盖率94.27%，内有流动水系、音乐喷泉，栽植了大量紫叶李、雪松、月季、洒金柏 *Platycladus orientalis* 'Aurea nana'、大叶黄杨等常绿、落叶、彩叶、香花类苗木，是拉萨功能最为完善的公园。

表2-1 拉萨市城区重点公园绿地一览

序号	绿地名称	位 置	面积（hm²）	级别	性 质
1	罗布林卡	罗布林卡路与民族北路交会处	36.0	市级	历史名园
2	罗布林卡广场游园	罗布林卡东门两侧	6.2	市级	综合性公园
3	布达拉宫广场	布达拉宫南侧	9.1	市级	风景名胜公园
4	宗角禄康（龙王潭）公园	布达拉宫北侧	20.5	市级	风景名胜公园
5	东城中心公园	藏大路与西一路交会处	62.0	市级	综合性公园
6	东嘎公园	拉贡公路东侧	37.8	市级	综合性公园
7	柳梧公园	柳梧东环路西侧	18.2	市级	综合性公园
8	药王山公园	药王山周边	2.3	区级	风景名胜公园
9	磨盘山公园	磨盘山周边	1.8	区级	风景名胜公园
10	慈松塘公园	色拉路与慈松塘路交会处	13.4	区级	综合性公园

续表

序号	绿地名称	位 置	面积(hm²)	级别	性 质
11	扎基公园	扎基路与西四路交会处	5.6	区级	综合性公园
12	藏热公园	江苏大道与西四路交会处	5.2	区级	综合性公园
13	会展公园	江苏大道与东三路交会处	6.1	区级	综合性公园
14	东欣公园	纳金路与西一路交会处	3.0	区级	综合性公园
15	八一公园	八一路与罗布林卡南路交会处	6.0	区级	综合性公园
16	西城公园	经三路与金珠西路交会处	6.3	区级	综合性公园
17	流沙公园	流沙河与拉萨河交会处	20.9	区级	综合性公园
18	巴林公园	柳梧中组团内	13.0	区级	综合性公园
19	堆龙西园	滨河北路与拉青路交会处	7.6	区级	综合性公园
20	堆龙东园	堆龙大道与团结路交会处	8.1	区级	综合性公园
21	乃琼公园	波玛路与拉青西路交会处	6.4	区级	综合性公园
22	羊达公园	羊达片区	5.0	区级	综合性公园
23	百淀公园	百淀片区	9.6	区级	综合性公园
24	植物园	中干渠与曲米路交会处	19.5	专类	植物园
25	烈士陵园	金珠路与格桑林卡交会处	13.2	专类	纪念性公园
	合　　计		342.8		

表 2 – 2　拉萨市城区重点郊野公园一览

序号	绿地名称	位 置	面积(hm²)	级别	性 质
1	哲蚌公园	哲蚌寺南侧	66.8	市级	历史名园
2	色拉公园	色拉寺南侧	33.8	市级	风景名胜公园
3	当巴林卡	北京西路与八一路交会处	7.8	市级	综合性公园
4	青年林卡	齐拉路与色拉路交会处	36.2	市级	综合性公园
5	夺底林卡	夺底路与齐拉路交会处	7.5	市级	综合性公园
6	白荣林卡	纳金路与滨河路交会处	11.7	区级	风景名胜公园
7	柳东林卡	柳东路与滨河路交会处	94.5	区级	风景名胜公园
8	堆龙林卡	堆龙河与东嘎西环路交会处	46.9	区级	综合性公园
9	香嘎林卡	香嘎加油站北侧	21.0	区级	综合性公园
10	柳梧林卡	北京大道与柳梧东环路交会处	69.7	区级	综合性公园
11	疆觉曲米林卡	曲米路	9.8	区级	综合性公园
	合　　计		405.7		

罗布林卡是西藏园林中规模最大的，是以自然山川与人工造园相结合，吸收内地造园艺术手法，营造出的一个有殿、亭、台、楼、阁、假山、花草树木的藏汉合璧园林。

宗角禄康公园是拉萨市著名园林之一，占地面积 20.5hm²，绿地面积 11.8hm²，绿化覆盖率达 57.6%，栽植苗木 70 万余株，内设健身区、文化活动广场、转经道等，是人们观光旅游、休闲娱乐的重要场所。

据统计，2008 年至 2009 年 7 月，拉萨市共建造公园 12 个，总面积 6hm²，公园建设投资 9358.42 万元。

（2）拉萨市城区新建公园绿地

①东郊小游园　位于江苏南路和江苏东路交叉口（江苏东路转盘西北角），拉萨市的公交公司东侧，总面积 2076m²，绿地面积 1974m²，绿化覆盖率 95.09%，于 2005 年 8 月竣工。内设置健身器材，安置喷泉，并栽植常绿、落叶、彩叶、香花类园林植物。

②北郊小游园　位于慈松塘路、教师公寓对面，与慈松塘水体公园相邻。占地面积 10564m²，绿地面积 6461m²，绿化覆盖率 61.16%，于 2006 年 5 月竣工。内设置健身器材，并栽植常绿、落叶、彩叶、香花类园林植物。

③慈松塘水体公园　占地面积 63812m²，绿化面积 5311.3m²，水体面积 36763.2m²，绿化覆盖率 8.32%。内设置健身器材，并栽植常绿、落叶、彩叶、香花类园林植物。

④鲁定路小游园　占地面积 16856m²，绿化面积 7693.4m²，绿化覆盖率 45.64%。栽植常绿、落叶、彩叶、香花类园林植物。

⑤纪念碑游园　位于金珠西路川藏、青藏纪念碑西侧，占地面积 4380m²，绿化面积 4370.7m²，绿化覆盖率 99.79%。栽植常绿、落叶、彩叶、香花类各种苗木。

⑥建行三角地　位于罗布林卡路、林廓西路、北京中路三条路的交叉口，占地面积 18324m²，绿化面积 4553.5m²，绿化覆盖率 24.85%。栽植常绿、落叶、彩叶、香花类各种苗木。

⑦堆龙三角地　位于和平路、金珠西路、拉贡路三条路的交叉口，占地面积 27625m²，绿化面积 26425.5m²，绿化覆盖率 95.66%。栽植常绿、落叶、彩叶、香花类各种苗木。

⑧金珠中路街旁游园　位于金珠中路南侧，临近拉萨河畔，占地面积 34104m²，绿化面积 30425.92m²，绿化覆盖率 89.22%。栽植常绿、落

叶、彩叶、香花类各种苗木。

2. 生产防护绿地

目前防护绿地主要为 318 国道、109 国道沿线的防护绿化带，百淀片区有区域性苗圃用地。其中：生产防护绿地 171.8hm²，占城市建设用地的 2.3%，人均生产防护绿地 3.8m²。生产绿地是为城市绿化提供苗木、花草、种子的苗圃、花圃、草圃等用地；防护绿地是构成绿地系统网架的重要组成部分，主要指城市防护林、拉萨河防护林以及周边农田防护林。防护林可有效减少噪声、汽车尾气、灰尘等污染，改善和保护城市环境，同时可保持城市绿化空间的延续性，形成丰富多彩的城市景观。

3. 单位附属绿地

随着对绿化环境的重视，居住区和企事业单位的绿地面积日益增加，尤其是企事业单位的绿化建设良好，为美化城市、改善生态环境起到了较好的作用。近年成片新建的居住区均形成了较好的绿地，而老城区的居住区绿地缺乏。居住区绿化要求新建居住区绿地率≥30%，旧城改造居住区绿地率≥25%，坚持"以人为本"和可持续发展原则，运用绿色植物努力创造舒服、方便、安全、健康的生态型居住环境。

4. 道路绿地

道路绿地指道路、河流等具有一定游憩设施或起装饰性作用的绿化用地，包括街道广场绿地、小型沿街绿化用地等。近年新形成的市区内主要街道均种植了行道树，特别是金珠路、纳金路绿化较为整齐，景观良好。中心片区由于街道狭窄，行道树零星栽种，没有形成系统，绿化效果较差。

对现状保留的街头绿地主要根据城市建设要求，因地制宜进行改造，注重提高园林艺术水平；旧城区改造中因地制宜增补街头绿地，方便居民使用。新建地区按 300m 服务半径布置形式多样的街头绿地，每处占地面积 0.1~1hm²。主要有：沿堆龙德庆河、拉萨河两岸根据城市设计要求建设的绿化带，沿中干渠、流沙河两侧控制区的 10m 左右的绿化带；以及沿金珠路、江苏路、北京路、北京大道、江苏大道、藏大路等主要道路控制区的 10m 宽的绿化带等。

表2－3　拉萨市城区道路绿地一览

序号	绿地名称	位　置	面积(m²)	级别	性　质
1	罗布林卡路街旁游园	罗布林卡路南侧	8593	市级	综合性公园
2	柳梧大桥旁游园	柳梧大桥北端东侧	5054	市级	综合性公园
3	慈松塘东路街旁游园	慈松塘路口	5102	市级	综合性公园
4	石油公司街旁游园	北京中路	3663	市级	综合性公园
5	扎基中路街旁游园	赛马场大门两侧	5386	市级	综合性公园
6	区统计局旁游园	北京西路	43989	市级	综合性公园
7	扎基东路街旁游园	区水利厅东侧	1587	市级	综合性公园
8	当热路街旁绿化	当热路	1600	市级	综合性公园
9	曲米路街旁游园	曲米路西侧	1200	市级	综合性公园
10	拉鲁湿地街旁游园	北京西路拉鲁湿地旁	5690	市级	综合性公园
11	区卫生厅小区街旁游园	罗布林卡南路北侧	2127	市级	综合性公园
12	罗布林卡北路游园	罗布林卡北路	2363	市级	综合性公园
13	金珠西路街旁游园	金珠中路	608	市级	综合性公园
14	空指路带状街头绿地	空指路北端入口西侧	1273	市级	综合性公园
15	疆觉曲米路带状街头绿地	西藏广电译制中心门前	1317	市级	综合性公园
16	藏热路街旁游园	当热路以南藏热路以西	5340	市级	综合性公园
17	罗布林卡南侧街旁游园	罗布林卡广场南侧	7379	市级	综合性公园
	合　　计		102271		

（五）拉萨市中心片区园林绿化存在问题

1. 绿地总量不足，且分布不均

中心城区由于长期用地紧张，人口密度高，开发强度大，使得绿地建设成本提高，难度加大，从而导致绿地稀少，绿地总量不足。

2. 绿地系统不完善，景观、生态功能不强

城市各绿地斑块之间缺乏联系，没有绿色的生态廊道与外界相连，生态连通性差，城市绿地的生态调节功能低。

3. 法制建设不够健全，执法不严

绿化管理条例执行不力，在短期经济利益的刺激下，急功近利、不惜牺牲绿地"见缝插房""毁绿开店"等现象时有发生，如上一轮规划确定的太阳岛生态绿地已改为他用，就是实例之一。因此，在以后的绿地建设中，需要加强法制建设，严格执法，保证绿化建设的持续性。

（六）建议与措施

1. 在市民中开展建设园林城市的舆论宣传工作，宣传建设生态园林城市的意义和目标。要通过媒体传播或组织学习等多种形式开展全民绿化教育，提高全民的绿化意识，让人们了解绿化与环境保护的重要性，形成人人爱护绿化，参与绿化的良好风尚。

2. 加强城市园林建设立法工作，用法制保证"生态园林城市"建设，制定园林绿化法规，制定出符合拉萨实际的绿化养护管理规范和考核办法，严格按照标准进行检查和奖励。

3. 动员城郊农民生产各类苗木，可逐渐建成观赏苗木生产基地，有的可建成面向外地的市场化苗木基地。

4. 大力培养园林人才，进一步引进园林人才，并通过对现有专业技术人员的业务再教育，更新专业知识，定期组织基层从业人员的业务培训，不断提高园林职工素质，努力创作园林精品。

二 日喀则地区园林建设现状

（一）日喀则地区概况

日喀则地区位于西藏自治区西南部，南与尼泊尔、不丹等接壤，西衔阿里地区，北靠那曲地区，东邻拉萨市与山南地区；地处 N27°23′~31°49′，E82°00′~90°20′。东西长 800km，南北宽 220km，土地面积 18.2 万 km²，辖 18 个县（市）和 1 个县级口岸办事处。全区人口 63 万，318、219 国道和 214 省道（日亚公路）贯穿境内东西、南北，全地区通车里程 12308.685km。

日喀则地区全年年平均温度 6.2℃，极端最高温度 28.5℃，平均最低温度 -14℃，极端最低温度 -22.6℃；年平均蒸发量 2353.2mm，年平均日照时数 3200h，年大于 8 级风日数约 60d，年无霜期 85~120d。

日喀则地区经济区域划分为三部分：北部冈底斯山至念青唐古拉山一带为牧区，海拔 4500m 以上；中部雅鲁藏布江流域河谷一带为农业或半农半牧区，海拔 3900~4200m；南部喜马拉雅山南麓为林区，海拔 3000m 以下。全区海拔高点——珠穆朗玛峰为 8844.43m，也是世界最高海拔高度；海拔最低点为聂拉木县境内的立新乡，海拔高度 1459m，地区所在地日喀则市海拔 3836m。

日喀则地区是西藏传统农牧业区，粮食产量占全区的 40%，商品粮占全区的 60% 以上，畜牧业总量在西藏自治区各地区中居第二位。在河谷、湖滨地带和气候适宜的小气候区，广泛分布着各种类型的作物种类。主要农作物有青稞 *Hordeum vulgare* var. *coeleste*、小麦 *Triticum aestivum*、油菜、豆类等，尤以青稞种植面积最大。在吉隆、定日、亚东等喜马拉雅沟谷中，还出产玉蜀黍（玉米）*Zea mays*、稻 *Oryza sativa*、荞麦 *Fagopyrum esculentum* 等农作物。主要蔬菜有白菜 *Brassica rapa*、萝卜 *Raphanus sativus*、甘蓝（莲花白）*Brassica oleracea* var. *capitata*、莴苣 *Lactuca sativa*、菠菜 *Spinacia oleracea*、旱芹 *Apium graveolens*、韭 *Allium tuberosum*、辣椒 *Capsicum annuum*、番茄 *Lycopersicon esculentum*、黄瓜 *Cucumis sativus*、蒜 *Allium sativum* 等几十种。部分地区还出产苹果、核桃等（西藏自治区测绘局，2004；西藏自治区气象局，1985）。

（二）日喀则地区林业概况

日喀则地区由于气候类型多样，适宜多种植物生长，植物资源较为丰富。樟木、吉隆、亚东、定结、绒辖、陈塘等喜马拉雅山南坡部分地区堪称天然植物博物馆。据 2002 年二类森林资源调查数据以及日喀则地区林业生态建设情况政府报告显示，日喀则地区有林地面积 122.8 万 hm²（其中森林面积 11.97 万 hm²），灌木林面积 110 万 hm²，疏林地 509hm²，活立木蓄积量 3256.7m³，森林覆盖率 6.8%。其中 5 个有林县（亚东、吉隆、定日、定结、聂拉木）森林主要分布在与不丹、尼泊尔等交界的喜马拉雅山南坡，森林覆盖率相对较高，平均达 17.32%，其余雅鲁藏布江中上游的森林覆盖率不足 2.3%。截至 2009 年，全地区公益林面积 119 万 hm²（占全地区林地总面积的 96.97%），其中：重点公益林面积 70.7 万 hm²，地方公益林面积 48.4 万 hm²（西藏自治区林业厅，2012）。

2006～2010 年，日喀则地区共营造各类林地 4.05 万 hm²，保存率在 75% 左右，其中：义务植树 7200hm²，退耕还林（荒山荒地造林）6700hm²，退耕还林 4100hm²，重点区域造林 1.61 万 hm²，拉萨周边造林

6400hm^2，建立地县两级固定苗圃 9 个，面积 220hm^2，封育 1.27 万 hm^2。

日喀则地区的野生植物分布具有明显垂直带谱的特点，森林植物组成丰富，不仅有北半球从热带到寒带的各种主要森林类型的代表，同时也有本区特有的许多植物种群。自下而上分布着山地亚热带常绿阔叶林、山地亚热带常绿—落叶阔叶混交林、山地温带常绿松树和常绿栎林、山地温带暗针叶林、亚高山寒温带暗针叶林、亚高山柏林、高山灌丛等以木本植物为主的植物类型，随着海拔逐渐升高和干旱程度的增加，带谱的组成逐渐单调。常见树种有云南樟 *Cinnamomum glanduliferum*、西藏润楠 *Machilus yunnanensis* var. *tibetana*、柴桂 *Cinnamomum tamala*、高山栎 *Quercus semecarpifolia*、刺榛 *Corylus ferox* var. *tibetica*、西藏长叶松 *Pinus roxburghii*、乔松 *Pinus wallichiana*、长叶云杉 *Picea smithiana*、锡金冷杉 *Abies densa*、西藏红豆杉 *Taxus wallichiana*、云南铁杉 *Tsuga dumosa*、大果圆柏、白桦 *Betula platyphylla*、糙皮桦 *Betula utilis*、亚东杨 *Populus yatungensis*、清溪杨 *Populus rotundifolia* var. *duclouxiana* 等，林下灌木丛生。

据初步调查，日喀则地区有被子植物 2106 种，裸子植物 20 种，蕨类植物 222 种，真菌 136 种，苔藓植物 472 种，地衣植物 172 种。主要分布于喜马拉雅山南坡的亚东、定日、定结、聂拉木、吉隆等五县南部地区，以及雅鲁藏布江及其支流年楚河流域，而后者主要分布着天然植被的半干旱矮小灌木，主要有香柏 *Sabina pingii* var. *wilsonii*、沙棘、锦鸡儿、水柏枝、砂生槐以及多种野蔷薇等。

日喀则地区具有代表性的野生观赏植物种类有：西藏红豆杉、锡金冷杉、长叶云杉、西藏长叶松、喜马拉雅红杉 *Larix himalaica*、西藏含笑 *Michelia kisopa*、滇藏木兰 *Magnolia campbellii*、吉隆桑 *Morus serrata* 等，其中长叶云杉、西藏长叶松、西藏红豆杉是特有名贵种，均为优良的园林植物。

此外，日喀则地区还广泛分布着众多的典型高山野生观赏植物，这些植物多呈坐垫状，茎叶茸毛发达，形大而色彩艳丽。著名的有雪莲花 *Saussurea* spp.、杜鹃花 *Rhododendron* spp.、红景天 *Rhodiola* spp.、乌头、紫菀 *Aster* spp. 等 300 余种。

（三）日喀则市园林绿地建设概况

日喀则市是西藏第二大城市，历代班禅驻锡地，后藏政治、经济、文化中心和交通枢纽，总面积3875km²。下辖边雄乡、聂日雄乡、曲布雄乡、曲美乡、甲措雄乡、东嘎乡、江当乡、年木乡、联乡和纳尔乡10个乡，城北办事处、城南办事处2个街道办事处。为改善生态环境，日喀则市自西藏民主改革以来一直致力于城市绿地、生态防护与恢复林、苗圃基地等建设，在建设中引种了大量的栽培类园林植物，其中，旱柳 *Salix matsudana*、北京杨等树种已经归化，成为当地生态防护与恢复林建设的主要树种。有林地面积1.63万 hm²，为全国造林绿化先进市。

日喀则市园林建设的重点是生态防护与恢复林建设，主要集中在广大河谷农区，以杨属、柳属植物为主。截至2005年，日喀则市共造林3.33万 hm² 余，保存面积为2.69万 hm² 余，四旁义务植树7815.98万株，迹地更新4887hm²，封山育林10.333万 hm²。特别是2001~2005年，共造各类林木32.273万 hm²，其中工程造林1.446万 hm²。2001年完成造林3490hm²，其中工程造林420hm²；2002年完成造林8380hm²，其中工程造林4670hm²；2003年完成造林7820hm²，其中工程造林3690hm²，退耕还林1096.659hm²；2004年完成造林6300hm²，其中工程造林2990hm²，退耕还林2160.933hm²；2005年1~5月完成造林7283.4hm²，完成109%，其中工程造林2692.8hm²，完成81%，春季成片造林1129.87hm²，完成113%，农田林网572.8hm²，完成107%，义务植树241.75×10⁴株，完成172.6%，育苗43.33hm²，迹地更新710hm²，完成213%，城市绿化总里程42.1km，完成421%，绿色通道建设192.3km（491.267hm²），分别完成了153.8%（里程百分率）和147.4%（面积百分率）（日喀则地区林业生态建设政府工作报告，2002，2005）。

日喀则市苗圃基础设施建设初具规模。2005年，全市有固定苗圃5个，地区中心苗圃1个，苗圃总面积188hm²，平均年出圃苗木600万株。主要育苗树种有：加杨、新疆杨、银白杨、箭杆杨、优胜杨 *Populus* cv.、龙爪柳 *Salix matsudana* 'Tortusoa'、槐、火炬树 *Rhus typhina* 和女贞等，以及多年栽培已经逐步转化为乡土树种的江孜沙棘 *Hippophea gyantsensis*、中国沙棘 *Hippophae rhamnoides* subsp. *sinensis*、刺槐、榆树、金丝柳 *Salix* alba 'Tristis'、三倍体毛白杨 *Populus tomentosa* 'Triploid'、84K 杨 *Populus alba × glandulosa*、107 杨 *Populus canadensis* '107' 等。

日喀则市建成区绿化工作初具规模。"九五"期间，日喀则市区公园面积 48hm²，其他公共绿地面积 33hm²。2005 年，完成了建成区青岛路、上海路、山东路、珠峰路、四川路、科技路、拉萨路等 18 条主要街道的道路绿化，同时，营造了大小林卡 32 个，开始构建以扎什伦布寺广场为中心的城镇绿地系统雏形。2011 年后，地区城镇绿化覆盖面积逐年增加，逐步形成了城镇绿化系统雏形，建成区绿地总面积 500hm²，绿地率 22.6%；其中，公园绿地面积已经达到 210hm²。主要包括：扎什伦布寺广场公园绿地、东风林卡以及城市周边防护林、卡龙沟防护林、主干道路绿化带、居住区绿地和单位专用绿地以及苗圃、花圃等生产性用地。

三　山南地区园林建设现状

（一）山南地区概况

西藏山南地区历史上称为"雅砻河谷"，是藏民族的发祥地，素有"藏民族摇篮""西藏粮仓""藏南谷地"之称。山南地区地理位置为 N26°51′~29°47′，E90°04′~94°21′，位于冈底斯山至念青唐古拉山以南的河谷地带，雅鲁藏布江中游，地处西藏南部边陲，北与拉萨市毗邻，西连日喀则地区，东接林芝地区，南与印度、不丹接壤，边境线长达 630km。全地区共有 12 个县 24 个镇 56 个乡 596 个行政村，土地面积 7.97 万 km²（含印占 2.87 万 km²），总人口 31.8 万，有藏、汉、门巴、珞巴等 14 个民族，其中藏族占 96%。

山南地区南部和西部高山耸峙，湖泊河流众多，主要有雅砻河、羊卓雍措、普莫雍措、哲古措等。雅鲁藏布江自西向东横贯全境，形成独特的河谷地貌。山脉河流的分布决定了山南地势为南高北低、西高东低，属冈底斯山和喜马拉雅山脉之间高原宽谷地带，地势为较平坦的谷地和坡地，属藏南山地灌丛草原地带、温暖半干旱地区。全地区海拔 3500~4500m，平均海拔 3700m。整个地区西南高、东北低，西南部平均海拔 4500m，东北部平均海拔 3100m，绝对最高海拔（库拉岗日峰）7538m，最低海拔（苏班西里河谷）110m。

山南地区由于受太阳辐射、大气环流、印度洋暖气流、西伯利亚冷空气和山势走向等因素的影响，形成各具特色的生态环境小区。其气候大背景是半干旱温带高原气候，随海拔的升高逐渐表现为半干旱亚寒带高原气候和半干旱寒带高原气候。即南部（错那、隆子县）海拔110～3000m的区域为湿润的亚热带季风气候向半湿润的暖温带季风气候过渡区；海拔3000～3500m区域以半湿润的暖温带季风气候为主；海拔3500～4000m区域是半湿润的暖温带季风气候向半干旱温带高原气候过渡区，以半干旱温带高原气候为主；海拔4000～5000m区域属干旱亚寒带高原气候；海拔5000m以上区域属半干旱寒带高原气候。气候特点：海拔高，气压低，高山缺氧，日照时间长，太阳辐射强，昼夜温差大，热量水平较高，干湿季明显，降水量少，夜雨多，蒸发量大。表现为：热量水平低，干湿季节不明显，雨日较多，蒸发量小，年均降水量270～380mm。全地区年平均气温0～8.4℃，最低为-0.6℃，最高可达8.8℃，最暖月平均气温10～16℃，河谷区域≥0℃积温2400～3100℃，高山草地≥0℃积温1450～2000℃。年均降水量382.3～498.8mm，最多不超过530mm，自西向东递增。雨水相对集中，大部分集中在6～9月。年蒸发量2356.2mm，是年降水量的6倍。全地区春、秋、冬三季风雪较多，年无霜期130d左右，年平均风速为3m/s，最大风速为17m/s以上，主要发生在12月到翌年3月。全年日照时数2600～3300h，太阳总辐射量达7400MJ/m²，日照率达57%以上（西藏自治区测绘局，2004；西藏自治区气象局，1985）。

（二）山南地区林业概况

山南地区是西藏自治区唯一的全国防沙治沙地级综合示范区。山南地区森林资源相对集中，以原始林和次生林形式存在，主要分布在错那、隆子、洛扎、加查四个县。山南地区现有林地面积375.25万hm²（含印占区），其中，森林面积263.25万hm²，灌木林面积111.29万hm²，森林蓄积量达341127亿m³，森林覆盖率47.44%。实际控制线内的有林地面积96.58万hm²，其中，森林面积20.1万hm²（包括人工林6.7万hm²），灌木林面积约76.48万hm²，未成林人造林地

$1000hm^2$。此外，"四旁"植树 2000 万株有余，已建果园 50 多个，面积 $340hm^2$，种植以苹果为主的果树 21 万余株，其他还有梨、桃、核桃、花椒 *Zanthoxylum bungeanum* 等。实控线内全地区森林覆盖率 18.3%，在西藏各地区中居第三位（2006）。"十一五"期间，山南地区通过各种途径共完成植树造林 50.07 万亩，全地区累计完成义务植树 3.96 万亩，"十一五"末人工林累计保存面积 100 余万亩，累计封山育林 163.8 万亩，迹地更新 2.7 万亩；活立木蓄积量 2876.2 万 m^3，比"十五"末增加 1.4 万 m^3（西藏自治区林业厅，2012）。

山南地区森林中主要优势树种有杨、柳、油麦吊云杉 *Picea brachytyla* var. *complanata*、林芝云杉、云南铁杉、乔松、高山松、西藏红杉 *Larix griffithiana*、香柏、垂枝柏 *Sabina recurva*、高山柏 *Juniperus squamata*、大果圆柏、白桦、灰背栎 *Quercus senescens*、高山栎、鸡桑 *Morus australis* 等。

常见的珍稀名贵野生观赏植物有：黄牡丹 *Paeonia delavayi* var. *lutea*（扎囊）、滇藏木兰（错那）、多花落新妇 *Astilbe rivularis* var. *myriantha*（错那）、微绒绣球 *Hydrangea heteromalla*（错那、隆子）、紫花溲疏 *Deutzia purpurascens*（浪卡子）、光核桃（加查、错那、隆子）、砂生槐（扎囊）、红麸杨 *Rhus punjabensis* var. *sinica*（错那）、藏南卫矛 *Euonymus austro-tibetanus*（错那）、髯花杜鹃 *Rhododendron anthopogon*（错那）、树形杜鹃 *Rhododendron arboreum*（错那）、钟花杜鹃 *Rhododendron campanulatum*（洛扎、隆子）等。

（三）泽当镇园林绿地建设

泽当镇地处乃东县，位于中国西藏自治区雅鲁藏布江中游南岸，是山南地区行署所在地。"十一五"期间，山南地区实施了民族路、雅砻河两岸、湘雅广场、乃东路、安徽大道、湖北湖南大道等绿化美化工程，完成城镇绿化 $11.41hm^2$，到了"十一五"末泽当城镇绿化面积达到 $13.77hm^2$，城镇绿化率达到 38.4%。

2011 年，按照"城郊森林化、城区园林化、单位花园化"的目标要求，泽当镇实现了公共绿地、单位附属绿地、居住区绿地等绿化的进一步发展，共完成泽当镇城区绿化 $7.4hm^2$，贡布日山山体绿化 $80hm^2$，民族路、格桑路等路段绿化补植 61594 株，修建绿篱 2.58hm²，进一步美化了城镇环境。

花卉生产繁育上，西藏山南地区共有花卉生产繁育基地 2 处，面积 1.4hm²。其中，国营花圃 5 亩，个体企业 1hm²；拥有花卉繁育温棚 5 座、面积 2 亩。主要品种以月季、玫瑰、菊花等为主，兼有盆景培育百余种。已形成以山南地区林业局为中心的泽当花卉市场，并辐射到各县。

四 林芝地区园林建设现状

（一）林芝地区概况

林芝地区位于西藏自治区东南部、雅鲁藏布江中下游河谷地带，地理位置为：N27°33′~30°40′，E92°09′~98°18′，东部和北部分别与昌都、那曲相连，西部和西南部分别与拉萨市、山南地区相邻，南部与云南省和印度、缅甸两国接壤，素有"西藏江南""东方瑞士""绿色明珠"的美誉。林芝地区总面积 11.6 万 km²，平均海拔 3100m，行署驻地林芝县八一镇。林芝地区下辖 7 县 54 乡镇 489 个行政村，居住着藏、汉、回、门巴、珞巴、独龙、纳西、傈僳等 10 个民族和僜人。

气候条件方面，林芝地区整体呈现出"冬季干燥、无严寒，春夏湿润、无酷暑，日夜温差大，雨热同期，春秋相连"的特点。但由于受印度洋暖湿气流和高海拔的影响，水平和垂直地带性的差异显著，形成了丰富的气候类型，表现为以高原温带半湿润气候为主，热带、亚热带、温带、寒带气候并存的特点。全区年均降水量 650mm 左右，年平均日照时数 2022.2h，无霜期 180d（西藏自治区测绘局，2004；西藏自治区气象局，1985）。

（二）林芝地区林业概况

林芝地区是全国最大的原始林区之一，堪称"生物基因库"，是维护青藏高原生态安全的重要组成部分。林芝地区 7 县均为有林县，林地面积 607 万 hm²，森林覆盖率 51.95%，占西藏的 36.19%；活立木蓄积量 12.1 亿 m³，平均每公顷蓄积量 331.6m³，个别区域单位蓄积量达到了 3000m³，为中国第三大林区。整个林芝地区由南向北，几乎集中了从热带到寒带的各种植被类型，现已发现和证实的就有 3500 多种。其中，墨脱国家级动植物保护区，察隅慈巴沟珍稀动植物保护区，波密岗乡针叶林保护区，林芝巴结古巨柏保护点等，就集中反映了林芝地区野生动植物资源的基本特征。

"十一五"期间，林芝地区建立了雅鲁藏布大峡谷和察隅慈巴沟2个国家级自然保护区及自治区级工布自然保护区，巴松措和色季拉2个国家级森林公园，雅尼和嘎朗2个国家级湿地公园，保护区面积达343万hm^2（西藏自治区林业厅，2012）。

植物资源方面，据调查研究（邢震，2007）：西藏林芝地区已查明的野生观赏植物共有98科272属678种（含变种、变型）。优势科是蔷薇科 Rosaceae、毛茛科 Ranunculaceae、菊科 Compositae、杜鹃花科 Ericaceae、豆科 Leguminosae、龙胆科 Gentianaceae、忍冬科 Caprifoliaceae、虎耳草科 Saxifragaceae、报春花科 Primulaceae、玄参科 Scrophulariaceae 等10科；种子植物重点属是：杜鹃花属、报春花属 Primula、龙胆属 Gentiana、马先蒿属 Pedicularis、铁线莲属 Clematis、李属 Prunus、花楸属 Sorbus、凤仙花属 Impatiens、乌头属 Aconitum、蔷薇属 Rosa、紫堇属 Corydalis、黄芪属 Astragalus、绿绒蒿属 Meconopsis、鸢尾属 Iris、鼠尾草属 Salvia 等15属，蕨类植物重点属是耳蕨属 Dryopteris、鳞毛蕨属 Polystichum。同时，野生花卉的特有性明显，特有种占总种数的75.81%；并具有高寒草甸、灌丛型，亚高山寒温带、山地温带森林型，山地温带林缘型，温带河谷阳生型，山地暖温带森林型，温带湿地型，山地亚热带、山地热带森林型7种生境类型，为开发适用于不同环境条件应用的花卉新品种创造了条件（邢震，2007）。

（三）林芝地区园林绿地建设

林芝地区成立于1986年。2006年，下辖林芝、米林、工布江达、墨脱、波密、察隅和朗县7个县，城镇区域面积68.3km^2，共有绿地面积1267.9hm^2，平均绿化覆盖率41.8%。地区行政公署驻林芝县八一镇，海拔3000m，属于新兴城镇，现有常住人口6.7万，城市建成区面积11.7km^2，建筑面积约35.0hm^2。八一镇绿地289.6hm^2，绿化覆盖率43.6%，人均绿地面积43.2m^2，城市建成区绿化覆盖率46.6%，1999年被建设部评为"国家园林绿化先进城市"；2006年八一镇"生态与绿化建设项目"获得建设部"中国人居环境奖";2010 年 4 月,林芝县被全国绿化委员会评为"全国绿化模范单位";2011 年 4 月,被评为西藏自治区"园林城市"。

"十一五"期间,林芝地区城镇园林绿化持续增长,新增绿化面积6.7hm²,新植乔木 4343 株,新植灌木及花草 45950 株,绿化面积增长到461.46hm²。主要建设的有:福建公园、工布广场、工布映象民俗水景园等重点景观工程。到 2010 年 5 月,林芝地区八一镇建成区园林绿化总面积达到 449hm²,绿地率达到 40.82%,绿化覆盖率达到 41.95%,公共绿地面积 150hm²,人均公共绿地面积 30.72m²,生产绿地面积 78hm²,占建成区绿地面积的 17.37%。

林芝地区的园林苗圃发展迅速,尤其是八一镇。目前八一镇园林苗圃共计 20.98hm²,现有常见园林绿化树种 148 种,还处于初级发展阶段,苗圃规模小,存在许多空缺的行业;其他 6 县的园林苗圃面积相对少,共计 7.307hm²。从长远来看,八一镇园林苗圃应为 140～207hm² 比较合适,目前园林苗圃面积不足。园林绿化苗木以内地引进为主,苗圃自行繁殖的苗木仅占 32.68%。

五 昌都地区园林建设现状

(一) 昌都地区概况

昌都地区属于青藏高原的一块典型高原生态脆弱区,位于西藏自治区东部,是西藏的东方门户。地理位置为 N28°32′～32°23′,E93°43′～99°06′,地处闻名于世的横断山脉的金沙江、澜沧江、怒江流域,东西宽约 527km,南北长约 445km。昌都地区土地面积 10.86 万 km²,约占西藏总面积的 9%,平均海拔 3500m 以上,现辖 11 个县,138 个乡(镇),总人口约 62 万。全地区居住着藏、汉、回、彝、纳西等 21 个民族,少数民族人口占 98%。

昌都地区属于大陆性高原温带湿润气候,气候特点为:气温低、降水少、蒸发量大、旱季时间长、旱雨季分明。由于昌都地区山高谷深、地形破碎,导致气候多样化与带状特征十分明显,小气候类型多样,属典型的"立体型"气候。年平均气温 8℃,但地区之间差异大,呈南高

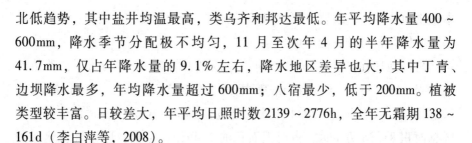

北低趋势，其中盐井均温最高，类乌齐和邦达最低。年平均降水量400～600mm，降水季节分配极不均匀，11月至次年4月的半年降水量为41.7mm，仅占年降水量的9.1%左右，降水地区差异也大，其中丁青、边坝降水最多，年均降水量超过600mm；八宿最少，低于200mm。植被类型较丰富。日较差大，年平均日照时数2139～2776h，全年无霜期138～161d（李白萍等，2008）。

昌都地区植物资源丰富，整体分布格局是：（1）"三江"（金沙江、澜沧江、怒江）上游高原宽谷区属于高原温暖湿润—半干旱气候区，基本特点是冬寒夏凉，冬春干旱，无霜期短，降水量相对其他区域较多，且集中于夏季。目前主要进行天然林保护、荒山封育和多功能防护林营造。（2）"三江"中游山区属于山地温带干旱、半干旱气候区，该区域3000～4000m海拔带是昌都地区主要的森林分布区之一。目前主要开展天然林保护、经济林木种植以及生态旅游开发。（3）"三江"南部高山峡谷区属于山地暖温带半湿润—半干旱气候区，垂直变化明显，海拔3000m以下的区域河谷热量条件好，是昌都地区主要林区。目前，主要园林绿化建设集中在海拔3000～4000m的"三江"中游山区。

地区粮食作物播种面积中，青稞占72%，小麦占15%，玉米、豆类等仅占13%，油菜占0.7%。种植的喜凉作物有青稞、小麦、豌豆 Pisum sativum、蚕豆 Vicia faba、马铃薯 Solanum tuberosum、甜菜 Beta vulgaris；喜温作物有玉米、粱（小米）Setaria italica、穄（鸡爪谷）Eleusine coracana、油菜、芝麻 Sesamum indicum、荞麦等；还有苹果、梨、桃、杏 Prunus vulgaris、葡萄 Vitis vinifera、石榴 Punica granatum、核桃、花椒等果树；喜温瓜类和喜凉的蔬菜有南瓜 Cucurbita moschata、西瓜 Citrullus lanatus、黄瓜以及番茄、辣椒、茄子、甘蓝、大白菜、花椰菜 Brassica oleracea var. botrytis、菠菜、萝卜、旱芹、莴苣、葱 Allium fistulosum、蒜、韭等（巴桑次仁，2000；西藏自治区测绘局，2004；西藏自治区气象局，1985）。

（二）昌都地区林业概况

昌都地区是西藏第二大林区，森林面积375万hm²，活立木蓄积量28.8亿m³，森林覆盖率34.18%，已经查明的植物有1000多种（其中木本植物 600 多种，隶属 70 余科 180 余属），野生动物 400 余种，是我国生态环境保存相对较好的地区。

昌都地区在"十一五"期间，完成造林面积 2.15 万 hm^2，种植经济林木 183.33 万株，封山育林面积 7.45 万 hm^2，建设育苗地 71.67hm^2，义务植树 729.4 万株，公益林面积 316.64 万 hm^2，全区保护区总面积 81.38 万 hm^2，占国土面积的 7.49%，包括：国家级自然保护区 2 个，国际级森林公园 1 个，自治区级湿地自然保护区 1 个，县级自然保护区 32 个（郭宗惠等，2009；西藏自治区林业厅，2012）。

（三）昌都镇园林绿地建设

由于昌都特殊的地理位置与地表结构特点等的制约，昌都的园林绿化工作进展较为缓慢。近年来，昌都地区动员全社会力量，广泛开展了以昌都县昌都镇为中心、以"植树造林、绿化环境"为主题的城镇生态环境建设活动，进行了昌都镇周边十多万亩荒山荒坡的绿化以及城市道路绿化工作。

近年来，昌都镇对周边造林绿化提出了高起点规划、高标准设计的要求，城镇园林绿化中坚持适地适树、造型灵活多样、一街一景、一路一貌的绿化原则，以乡土树种为主，外来树种为辅，注重速生树种与长寿树种相结合，常绿树种与落叶树种相结合，并坚持乔木、灌木、花、草合理布置，讲究植物色彩、层次搭配组合，突出自然景色，体现地方特色。具体实施过程中，已建成道路采用大规格苗木上路，因路造景、因景配绿、从速成荫的办法，使道路绿化与道路建设同步发展，保证了道路绿地较高的绿化覆盖率；建设中的道路则实行超前绿化，大种片林，使得道路绿地风格各异、独具特色。目前，昌都镇建成区面积 8.60km^2，绿化面积 121.8hm^2，绿地率 14.16%。

六　其他地区

西藏那曲、阿里地区由于海拔高，年均温低，在城市绿化上处于起步阶段。但林业建设具有一定的成效。

（一）那曲林业

那曲森林资源主要为天然林，集中分布在东部的比如县、索县、嘉

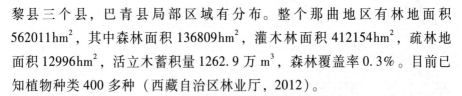

黎县三个县，巴青县局部区域有分布。整个那曲地区有林地面积562011hm²，其中森林面积136809hm²，灌木林面积412154hm²，疏林地面积12996hm²，活立木蓄积量1262.9万m³，森林覆盖率0.3%。目前已知植物种类400多种（西藏自治区林业厅，2012）。

（二）阿里林业

阿里地区森林资源主要分布在南部的札达、普兰、日土和噶尔四县，东部的革吉、改则、措勤也有零星灌木林分布。阿里地区有林地面积860590hm²，其中森林面积1597hm²，灌木林面积858989hm²，苗圃地4hm²，森林覆盖率6.57%。活立木蓄积量主要为疏林、散生木和四旁植树等的蓄积量，全地区蓄积量为8182m³，其中札达5255m³，日土2013m³，普兰824m³。苗圃主要培育红柳（水柏枝）、班公柳 *Salix bangongensis*、新疆杨、蒙古柳（细枝柳）*Salix gracilior* 等树种，主要用于造林绿化，年出圃10万株（西藏自治区林业厅，2012）。

第三章　西藏园林植物资源

西藏地处青藏高原核心地带，素有"世界第三极"之称，是中国生态安全的屏障体系，更是全球气候变化的反应器。近年来，世界环境恶化加剧，世界各国对西藏的生态环境越来越关注。

城市是人口集中地，其生态环境的优劣直接关系到城市居民的人居环境质量。西藏地广人稀，但第六次全国人口普查数据表明［国家统计局第六次全国人口普查主要数据公报（第2号），2011］，在西藏全区常住人口3002166人中，居住在城镇的人口为49.53万人，占总人口的16.5%，这说明西藏农牧区人口逐渐向城镇集中，西藏城镇已然成为西藏人口的主要集中地。同时，城镇环境质量的好坏直接影响城镇投资环境，直接关系西藏低碳高效产业的发展前景，并关乎到国际影响。因此，目前西藏各级政府越来越重视城镇的园林绿化工作，每年都投入大量资金用于植树种草，园林绿化建设得到了飞速发展。但园林建设中大多存在成活率、保存率不高的现象，主要原因是缺乏对树种生态习性的认识，购进了不能适应本地区生态环境条件的苗木、花草。另外，绝大部分城市都不同程度地存在园林植物种类贫乏，缺少适合各种用途和规格的园林植物等问题，严重影响了园林建设水平的提高。要解决这些问题，首先应该做好本地区的园林植物种类调查工作，摸清家底，总结出各种园林植物在生长、管理及园林应用等方面的成功经验和失败教训。然后，根据本地区各种类型的园林绿地对园林植物的要求制定出规划，苗圃按规划进行育苗、引种和培育各种类型及规格的园林植物，这样才能对本地区的园林绿化建设事业的发展起到指导性作用。基于以上目的，我们对西藏主要城镇的园林植物种类与应用现状进行了调查。

　　本次调查涵盖了野生园林植物资源与栽培类园林植物资源。调查中，以拉萨市、日喀则市、林芝地区八一镇、昌都地区昌都镇和山南地区泽当镇为重点进行了栽培园林植物资源的调查，并以吉隆、樟木、亚东、墨脱和察隅为重点调查了野生园林植物资源。

　　调查方法采用现场调查和走访调查相结合，现场调查地点包括：吉隆镇、亚东镇、樟木镇、日喀则市、拉萨市、林芝地区八一镇、昌都地区昌都镇、山南地区泽当镇、察隅县下察隅乡和墨脱县墨脱镇等。调查过程中，重点调查城市道路、公园、广场和街道绿地植物材料，并在每个调查点记录园林植物的种类、生长状况、配置效果等情况。走访调查单位包括：西藏自治区林业局、拉萨市林业局、林芝地区林业局、日喀则市林业局和园林局、昌都地区林业局和山南地区林业局等单位，主要收集历年来园林绿化建设的相关统计数据。

　　调查过程中，已经收集整理西藏园林植物 73 科 400 余种，其中野生观赏植物 56 科 210 种，栽培观赏植物 17 科 190 余种。栽培种类最为丰富的是林芝八一镇、拉萨市和日喀则地区日喀则市，其次为山南地区泽当镇，种类较少的是昌都地区昌都镇。

　　植物鉴定依据材料为《中国高等植物科属检索表》《中国植物志》《西藏植物志》《中国高等植物图鉴》《西藏野生花卉》《藏东南高等植物检索表》《西藏植被》《西藏森林》《中国种子植物科属词典》等工具书；园林植物观赏类型和主要应用形式参照《中国花经》《花卉品种分类学》《园林树木学》《观赏树木学》《园林花卉学》《观赏植物学》《园林树木栽培学》《园林植物栽培与养护》《园林生态学》《园林设计》《风景园林设计》《城市绿地系统规划设计》《公园绿地规划设计》《现代城市绿地系统》等资料综合确定。

第一节　拉萨市园林植物资源

　　拉萨市现有重点园林绿化树种 62 种（包括变种、变型、品种），主要集中应用在公园绿地、街道绿地、公共绿地、单位附属绿地中。从植物的种类上来看,拉萨市园林绿化树种比较单调,缺乏层次感,并以内地引种的园林植物为主。

一 拉萨市园林植物种类

经过调查,拉萨市常见园林绿化植物共62种(包括变种、变型、品种),隶属于21科(其中,杨柳科植物鉴定参考赵能等《西藏的杨柳科树木》一文)。具体种类见拉萨市园林绿化植物名录(见表3-1)。

表3-1　拉萨市园林绿化植物名录

序号	植物名称	科、属	拉丁学名	主要应用形式	观赏类型
1	高山松	松科松属	*Pinus densata*	行道树、孤景树	观姿类
2	油 松	松科松属	*Pinus tabulaeformis*	孤景树、行道树	观姿类
3	雪 松	松科雪松属	*Cedrus deodara*	孤景树	观姿类
4	川西云杉	松科云杉属	*Picea likiangensis* var. *rubescens*	行道树	观姿类
5	青海云杉	松科云杉属	*Picea crassifolia*	整形地被	观叶类
6	侧 柏	柏科侧柏属	*Platycladus orientalis*	绿篱、风景林	观姿、观叶类
7	洒金柏	柏科侧柏属	*Platycladus orientalis* 'Aurea nana'	绿篱、整形地被	观姿、观叶类
8	千头柏	柏科侧柏属	*Platycladus orientalis* 'Sieboldii'	绿篱、整形地被	观姿、观叶类
9	大果圆柏	柏科圆柏属	*Sabina tibetica*	风景林	观姿类
10	圆 柏	柏科圆柏属	*Sabina chinensis*	风景林、整形地被	观姿类
11	藏 柏	柏科柏木属	*Cupressus torulosa*	风景林、孤景树	观姿类
12	樟	樟科樟属	*Cinnamomum camphora*	行道树	观姿类
13	紫叶小檗	小檗科小檗属	*Berberis thunbergii* 'Atropurpurea'	整形地被	观叶类
14	黄牡丹	毛茛科芍药属	*Paeonia delavayi* var. *lutea*	盆栽	观花类
15	悬铃木	悬铃木科悬铃木属	*Platanus acerifolia*	行道树	观姿类
16	榆 树	榆科榆属	*Ulmus pumila*	行道树	观姿类
17	龙爪榆	榆科榆属	*Ulmus pumila* 'Pendla'	行道树	观姿类
18	鸡 桑	桑科桑属	*Morus australis*	孤景树	观姿类
19	核 桃	胡桃科胡桃属	*Juglans regia*	孤景树	观姿类
20	北京杨	杨柳科杨属	*Populus* × *beijingensis*	行道树、防护林	观姿类
21	新疆杨	杨柳科杨属	*Populus alba* var. *pyramidalis*	行道树、防护林	观姿类

续表

序号	植物名称	科、属	拉丁学名	主要应用形式	观赏类型
22	银白杨	杨柳科杨属	*Populus alba*	行道树	观姿、观叶类
23	长蕊柳	杨柳科柳属	*Salix longistamina*	防护林、行道树	观姿类
24	旱柳	杨柳科柳属	*Salix matsudana*	行道树、防护林	观姿类
25	白柳	杨柳科柳属	*Salix alba*	行道树、防护林	观姿类
26	垂柳	杨柳科柳属	*Salix babylonica*	行道树、防护林	观姿类
27	左旋柳	杨柳科柳属	*Salix paraplesia* var. *subintegra*	孤景树	观姿类
28	光核桃	蔷薇科李属	*Prunus mira*	风景林、孤景树	观花类
29	紫叶桃	蔷薇科李属	*Prunus persica* 'Atropurpurea'	风景林	观叶、观花类
30	山桃	蔷薇科李属	*Prunus davidiana*	风景林	观花、观果类
31	山樱花	蔷薇科李属	*Prunus serrulata*	行道树、风景林	观花类
32	紫叶李	蔷薇科李属	*Prunus cerasifera* f. *atropurpurea*	行道树、风景林	观花、观叶类
33	杏梅	蔷薇科李属	*Prunus mume* var. *bungo*	风景林	观花类
34	榆叶梅	蔷薇科李属	*Prunus triloba*	花灌木	观花类
35	苹果	蔷薇科苹果属	*Malus pumila*	果树	观花、观果类
36	山荆子	蔷薇科苹果属	*Malus baccata*	风景林、孤景树	观花类
37	皱皮木瓜	蔷薇科木瓜属	*Chaenomeles speciosa*	花灌木	观花类
38	黄刺玫	蔷薇科蔷薇属	*Rosa xanthina*	花灌木	观花类
39	月季	蔷薇科蔷薇属	*Rosa hybrida*	花灌木、盆栽	观花类
40	木香	蔷薇科蔷薇属	*Rosa banksiae*	花灌木	观花类、攀缘类
41	七姊妹	蔷薇科蔷薇属	*Rosa multiflora* 'Platyphylla'	垂直绿化	观花类、攀缘类
42	小叶栒子	蔷薇科栒子属	*Cotoneaster microphyllus*	绿篱	观叶、观果类
43	合欢	豆科合欢属	*Albizia julibrissin*	孤景树	观花类
44	槐	豆科槐属	*Sophora japonica*	行道树	观叶类
45	龙爪槐	豆科槐属	*Sophora japonica* f. *pendula*	行道树	观姿、观叶类
46	砂生槐	豆科槐属	*Sophora moorcroftiana*	丛植、防护林	观花类
47	刺槐	豆科刺槐属	*Robinia pseudoacacia*	防护林	观花类
48	沙棘	胡颓子科沙棘属	*Hippophae rhamnoides*	孤景树、防护林	观果类
49	重瓣石榴	石榴科石榴属	*Punica granatum* 'Pleniflora'	孤景树、盆栽	观花、观果类
50	大叶黄杨	卫矛科卫矛属	*Euonymus japonicus*	绿篱	观叶类
51	雀舌黄杨	黄杨科黄杨属	*Buxus harlandii*	绿篱、盆栽	观叶类
52	葡萄	葡萄科葡萄属	*Vitis vinifera*	垂直绿化	攀缘类
53	夹竹桃	夹竹桃科夹竹桃属	*Nerium oleander*	盆栽	观花类
54	白丁香	木樨科丁香属	*Syringa oblata* var. *alba*	片植	观花类
55	连翘	木樨科连翘属	*Forsythia suspensa*	水边片植	观花类
56	迎春花	木樨科素馨属	*Jasminum nudiflorum*	水边丛植	观花类
57	小叶梣	木樨科梣属	*Fraxinus bungeana*	风景林、行道树	观姿类
58	女贞	木樨科女贞属	*Ligustrum lucidum*	行道树	观姿类

序号	植物名称	科、属	拉丁学名	主要应用形式	观赏类型
59	小叶女贞	木樨科女贞属	*Ligustrum quihoui*	整形地被	观叶类
60	金银花	忍冬科忍冬属	*Lonicera japonica*	垂直绿化	攀缘类
61	西藏箭竹	禾本科箭竹属	*Fargesia macclureana*	丛植	观叶、观姿类
62	紫竹	禾本科刚竹属	*Phyllostachys nigra*	丛植	观叶、观姿类

二 拉萨市园林植物分析

拉萨市用于园林绿化的植物种类较少，乔木、灌木占优势；用于垂直绿化的蔓木类植物、竹类非常匮乏；其中，蔓木类植物仅有七姊妹、木香、金银花、葡萄4种，竹类观赏植物仅有西藏箭竹、紫竹2种（见表3-2）。尽管垂直绿化植物种类较少，但应用广泛，尤其是木香、七姊妹、金银花在居民的围墙、公园护栏、单位绿地院门等处经常可以看到。

表3-2　拉萨市园林绿化树种生活型统计

类　型	乔木类	灌木类	蔓木类	竹类	合计
种数	43	13	4	2	62
百分比(%)	69.35	20.97	6.45	3.23	100

从植物分布的科来看，拉萨市园林绿化树种以蔷薇科、杨柳科、柏科、木樨科、豆科、松科植物为主，该6科中，蔷薇科植物最多，达15种。蔷薇科植物在拉萨市的街道绿化（月季、紫叶李、紫叶桃等）、单位附属绿地（月季、七姊妹等）、广场绿地（月季、木香、黄刺玫等）等各种绿地类型上均得到了广泛的应用，除杏梅在冬季有部分抽干外，其他已经应用的各种蔷薇科植物均表现出良好的适应性（见表3-3）。

表3-3　各科具5种以上园林绿化植物统计

序号	科　名	种数	主要园林绿化植物
1	松　科	5	油松、高山松等
2	柏　科	6	侧柏、大果圆柏等
3	杨柳科	8	银白杨、北京杨、旱柳等
4	蔷薇科	15	月季、紫叶桃、紫叶李等

序号	科　名	种数	主要园林绿化植物
5	豆　科	5	槐、龙爪槐等
6	木樨科	6	女贞、白丁香、小叶女贞等
合计	6	45	

此外，在调查中也发现，随着拉萨城市绿地的发展，外来园林植物品种在拉萨园林中得到了大量的应用，而乡土树种和野生观赏植物的园林化程度较弱，主要应用的仅有高山松、青海云杉、川西云杉、大果圆柏、藏柏、银白杨、左旋柳、黄牡丹、砂生槐、沙棘、西藏箭竹等11种，内地引种的园林绿化树种高达52种，不能充分体现西藏园林植物的特色，需要加大西藏野生观赏植物的开发利用力度。

三　拉萨市园林植物应用

拉萨市城区用于道路绿化的行道树种有17种，占总种数的27.42%，隶属于8科，其中常绿树种6种（见表3-4），常见的有川西云杉、雪松、油松、女贞等，并以针叶树为主。但许多道路反复使用这几种树种，如金珠路、江苏路、北京路，都以川西云杉、杨柳科植物等做行道树，这样虽然易形成统一的城市道路绿色框架，但显得过于单调，缺乏变化，从生物多样性方面来看，单一树种大范围地使用也易于产生病虫害，增加了园林绿化植物的维护难度。

表3-4　拉萨市行道树种类统计

序号	科　名	种数	主要园林绿化植物
1	松　科	4	油松、高山松、雪松、川西云杉
2	樟　科	1	樟
3	悬铃木科	1	悬铃木
4	榆　科	2	榆树、龙爪榆
5	杨柳科	6	新疆杨、银白杨、北京杨、旱柳、白柳、垂柳
6	蔷薇科	1	紫叶李
7	豆　科	1	槐
8	木樨科	1	女贞
合计	8	17	

木本观花植物是一个城市植物生命美的有机组分，它们不但能够改善城市的生态环境，更能够增加城市的色彩丰富度。木本观花植物主要包括乔木类、灌木类、蔓木类3类。拉萨市木本观花植物较少，只有24种，占总种数的38.71%（见表3-5）。常见的有月季、白丁香、连翘、皱皮木瓜等。其中，红、黄等色调花卉较多，整个城市花卉颜色显得单调。应用方式简单，一般成片地种植于城市广场、公园休息广场、开阔地或雕塑旁等地方，缺乏构图和层次搭配。

表3-5 拉萨市木本观花类植物统计

序号	科 名	种数	主要园林绿化植物
1	毛茛科	1	黄牡丹
2	蔷薇科	15	光核桃、紫叶桃、紫叶李、月季、杏梅、木香、七姊妹等
3	豆 科	2	合欢、砂生槐
4	石榴科	1	石榴
5	夹竹桃科	1	夹竹桃
6	木樨科	4	女贞、迎春花、连翘、金银花
合计	6	24	

拉萨市的绿篱树种计有12种（见表3-6），隶属于6科，其中柏科植物种类较多。这些绿篱类植物在拉萨的应用非常广泛，尤其是近年来新建、改建的园林公共绿地、广场、公园中，更是得到了大规模的应用。但在这些植物中，除川西云杉外，均为内地园林栽培品种，对西藏园林特色的体现不利。因此，在以后绿篱类植物的选择中，同样需要加大对

表3-6 拉萨市木本绿篱类植物统计

序号	科 名	种数	主要园林绿化植物
1	松 科	1	川西云杉
2	柏 科	4	侧柏、洒金柏、千头柏、圆柏
3	小檗科	1	紫叶小檗
4	蔷薇科	1	小叶栒子
5	卫矛科	1	大叶黄杨
6	木樨科	4	小叶女贞
合计	6	12	

西藏野生绿篱植物的研究力度。从现有研究基础上看，巨柏 *Cupressus gigantea*、方枝柏、散鳞杜鹃（蜿蜓杜鹃）*Rhododendron bulu* 等不失为优秀的绿篱类植物。

四 结果与讨论

从植物的种类上来看，拉萨城市园林绿化植物种类有 62 种，园林绿化树种比较单调，物种较少，缺乏层次感，且 52 种为内地引种植物，乡土树种只有约 1/6，缺乏西藏特色。因此，在以后的园林绿化树种的选择上，要着重西藏特色的园林绿化树种的应用，从西藏特色的植物群落方面寻找植物配置模式。城市园林部门、科研单位等应加强研究，驯化、筛选西藏野生乡土观赏树种。

拉萨城市绿化物种中，木本观花植物应用较少，而且均匀度不够，主要集中在广场绿地中，在道路绿化、单位附属绿地绿化中，仍然以杨柳科植物为主（多瓦才吉，1995）。城市绿化植物的生态效益要得到体现，不仅需要进行植物栽培，而且需要植物间的协同作用，因此，在当代园林中，已经从原先的简单绿化延伸为园林绿地系统。拉萨作为西藏的政治、经济、文化中心，在以后的城市绿化中应有意识地丰富植物造景材料，研究西藏特色的园林绿地系统，促进西藏城镇的生态建设。

拉萨市的土壤多为砂性壤土，卵石多，整体表现为土质差、贫瘠、保墒能力弱。因此，拉萨市园林绿化中需要进行改土，保证绿化草坪用地的土层厚度达到 20~30cm 的基本要求，同时，采用扩大种植穴的方式进行乔木、灌木的种植，并适时浇水追肥，才能够保证正常生长。

第二节 日喀则地区园林植物资源

日喀则地区野生园林植物资源丰富，有重点开发前景的野生园林植物就有十余种，在城镇绿地建设中，已经查明的园林树种有 52 种，主要集中应用在防护林、街道绿地、公园绿地、公共绿地、单位附属绿地中。

一 日喀则地区园林植物种类

日喀则地区栽培类木本园林植物达 52 种，隶属于 13 科 24 属。由表 3-7 可知，日喀则地区用于园林绿化的植物种类较少，乔、灌木占优势；用于垂直绿化的蔓木类植物、竹类非常匮乏。同时，日喀则地区栽培类木本园林植物以生态防护与恢复林的造林树种为主，共有 17 种，其中，杨柳科 10 种，胡颓子科 5 种，桦木科、榆科各 1 种。

此外，当地群众还非常喜欢种植花卉，常见的有倒挂金钟 *Fuchsia hybrida*、天竺葵、翠菊、秋海棠、鸡冠花 *Celosia cristata*、孔雀草 *Tagetes patula*、金盏花、菊花 *Dendranthema morifolium*、燕子掌（玉树）*Crassula portulacea*、伽蓝菜 *Kalanchoe ceratophylla*、矮牵牛、莎草兰 *Cymbidium elegans*、紫罗兰等几十个种或品种。

表 3-7 日喀则地区常见园林树种一览

序号	植物名称	拉丁学名	主要园林用途	栽培地点
1	雪松	*Cedrus deodara*	道路绿化	日喀则市,樟木镇,吉隆镇
2	油松	*Pinus tabulaeformis*	道路绿化	日喀则市,吉隆镇
3	高山松	*Pinus densata*	环境美化	日喀则市
4	华山松	*Pinus armandi*	环境美化	日喀则市
5	西藏长叶松	*Pinus roxburghii*	环境美化	日喀则市,樟木镇
6	日本落叶松	*Larix kaempferi*	环境美化	日喀则市
7	云南铁杉	*Tsuga dumosa*	环境美化	日喀则市,吉隆镇
8	川西云杉	*Picea likiangensis* var. *rubescens*	道路绿化	日喀则市,吉隆镇
9	林芝云杉	*Picea linzhiensis*	道路绿化	日喀则市
10	长叶云杉	*Picea smithiana*	环境美化	日喀则市
11	西藏红豆杉	*Taxus wallichiana*	环境美化,盆栽	日喀则市
12	侧柏	*Platycladus orientalis*	道路绿化,环境美化	日喀则市,吉隆镇
13	洒金柏	*Platycladus orientalis* 'Aurea nana'	环境美化	日喀则市
14	千头柏	*Platycladus orientalis* 'Sieboldii'	环境美化	日喀则市
15	刺柏	*Juniperus formosana*	环境美化	日喀则市
16	圆柏	*Sabina chinensis*	道路绿化,环境美化	日喀则市
17	北京杨	*Populus × beijingensis*	防护林	日喀则市

续表

序号	植物名称	拉丁学名	主要园林用途	栽培地点
18	新疆杨	*Populus alba* var. *pyramidalis*	防护林	日喀则市
19	藏川杨	*Populus szechuanica* var. *tibetica*	防护林	日喀则市
20	优胜杨	*Populus* cv.	防护林	日喀则市
21	加杨	*Populus* × *canadensis*	防护林	日喀则市
22	银白杨	*Populus alba*	防护林	日喀则市
23	箭杆杨	*Populus nigra* var. *thevestina*	防护林	日喀则市
24	钻天杨	*Populus nigra* var. *italica*	防护林	日喀则市
25	三倍体毛白杨	*Populus tomentosa* 'Triploid'	防护林	日喀则市
26	84K杨	*Populus alba* × *glandulosa*	防护林	日喀则市
27	107杨	*Populus canadensis* '107'	防护林	日喀则市
28	旱柳	*Salix matsudana*	防护林	日喀则市
29	龙爪柳	*S. matsudana* 'Tortuosa'	环境美化	日喀则市
30	垂柳	*Salix babylonica*	环境美化	日喀则市,吉隆镇
31	金丝柳	*Salix alba* 'Tristis'	环境美化	日喀则市
32	核桃	*Juglans regia*	经济林	日喀则市,亚东镇
33	糙皮桦	*Betula utilis*	防护林	日喀则市
34	榆叶梅	*Prunus triloba*	环境美化	日喀则市
35	紫叶李	*Prunus cerasifera* f. *atropurpurea*	环境美化	日喀则市
36	黄刺玫	*Rosa xanthina*	环境美化	日喀则市
37	碧桃	*P. persica* var. *duplex*	环境美化	日喀则市
38	月季	*Rosa hybrida*	环境美化	日喀则市
39	江孜沙棘	*Hippophea gyantsensis*	防护林	日喀则市,江孜县
40	沙棘	*Hippophae rhamnoides*	防护林	日喀则市
41	俄罗斯大果沙棘	*Hippophae rhamnoides* 'Russia'	防护林,经济林	日喀则市,江孜县
42	中国沙棘	*Hippophae rhamnoides* subsp. *sinensis*	防护林	日喀则市
43	龙爪槐	*Sophora japonica* f. *pendula*	环境美化	日喀则市
44	槐	*Sophora japonica*	环境美化	日喀则市
45	刺槐	*Robinia pseudoacacia*	环境美化	日喀则市
46	榆树	*Ulmus pumila*	道路绿化,防护林	日喀则市,樟木镇
47	龙爪榆	*Ulmus pumila* 'Pendla'	环境美化	日喀则市
48	女贞	*Ligustrum lucidum*	道路绿化	日喀则市
49	小叶女贞	*Ligustrum quihoui*	环境美化	日喀则市
50	火炬树	*Rhus typhina*	环境美化	日喀则市
51	大叶黄杨	*Euonymus japonicus*	环境美化	日喀则市,吉隆镇
52	茶叶卫矛	*Euonymus theifolius*	环境美化	亚东镇

二 日喀则地区园林植物分析

从植物分布的科来看（见表3-8），日喀则地区园林绿化树种以杨柳科、松科、柏科、蔷薇科、胡颓子科植物为主，该4科中，杨柳科植物达15种之多。蔷薇科植物在日喀则地区的街道绿化（月季、紫叶李、碧桃等）、单位附属绿地（月季、黄刺玫等）、广场绿地（月季、榆叶梅、黄刺玫等）等各种绿地类型上也得到了广泛的应用，已经应用的各种蔷薇科植物均表现出良好的适应性。

表3-8 各科具5种以上园林绿化植物统计

序号	科 名	种数	主要园林绿化植物
1	松 科	10	油松、高山松等
2	柏 科	5	侧柏、圆柏等
3	杨柳科	15	银白杨、北京杨、旱柳等
4	蔷薇科	5	月季、碧桃、紫叶李等
5	胡颓子科	4	沙棘、中国沙棘、江孜沙棘等
合计	5	39	

此外，在本次调查中也发现，随着日喀则地区绿地的发展，外来园林植物品种在日喀则园林绿化中得到了大量的应用，而西藏特色的野生观赏植物的园林应用也得到了适当的体现。主要有高山松、华山松、西藏长叶松、长叶云杉、林芝云杉、川西云杉、云南铁杉、西藏红豆杉、银白杨、糙皮桦、江孜沙棘等11种，内地引种的园林绿化树种高达41种。

三 日喀则地区园林植物应用

日喀则地区是西藏河谷风沙地貌最为发育的区域。从植物区系上分析来看，日喀则地区宽谷段及其毗邻山地植被的植物区系组成以在日益旱化和寒化过程中发生的温性中旱生、旱中生植物为主，带有北温带区系成分性质；并由于区系发展的时间短，属的分化显得微弱，形成许多寡种、属的科。其植被受基质及水热条件再分配的影响，表现为明显的垂直性分异（陈怀顺等，1997）。因此，日喀则地区园林植物资源丰富，尤其在野生观赏植物资源上，更是特点突出。

但从当前园林植物应用上来看，城镇建设中野生观赏植物应用还是过少，开始应用的区域也仅局限于吉隆、亚东、樟木等野生观赏植物的原生地。因此，在以后的园林绿化树种的选择上，需要着重具有西藏特色的园林绿化树种的应用，从西藏日喀则区域温性中旱生、旱中生植物群落特点上寻找植物配置模式，如：营造砂生槐、小苞水柏枝 *Myricaria wardii* 以及在我国西北省份常见栽培的红果沙拐枣 *Calligonum rubicundum* 等为主体的固沙植物群落，形成特色园林景观。城市园林部门、科研单位等应加强研究、驯化、筛选野生乡土观赏植物的工作。

日喀则地区绿化物种中，木本观花植物应用较少，而且均匀度不够，主要集中在广场绿地中，在道路绿化、单位附属绿地绿化中，仍然以杨柳科植物为主。城市绿化植物的生态效益要得到体现，不仅需要进行植物栽培，而且需要植物间的协同作用，因此，在以后的城市绿化中应有意识地丰富植物造景材料，研究西藏特色的园林绿地系统，促进西藏城镇的生态建设。

此外，西藏为少数民族聚居区域，有其特殊性，牛、羊、狗等牲畜对园林绿化的破坏较大。面对牲畜和人为的破坏，需要加强园林植物的树体保护，可以采用树体包裹、绿地围护或者树体喷涂防啃剂进行预防，同时，加强园林生态环境保护重要性的宣传，推动广大市民积极参与建设、保护绿地，以提高绿地的保存率。

四 日喀则地区重点野生观赏植物资源

调查发现日喀则地区园林植物众多，尤其野生园林植物种类丰富，其中，观赏价值极高的有：西藏冷杉、西藏长叶松、西藏白皮松、滇藏木兰、吉隆桑、长叶云杉、西藏红豆杉、西藏润楠等8种，值得深度开发（见表3-9）。

表 3 - 9 日喀则地区重点野生园林植物

序号	植物名称	形态特征与主要园林用途	分布区域
1	西藏长叶松 *Pinus roxburghii*	又名喜马拉雅长叶松。常绿乔木,高 30 ~45m,胸径 40 ~100cm;幼树树皮深灰色,老树树皮暗红褐色,较厚,粗糙,呈片状脱落;冬芽卵圆形,小枝褐色,无树脂;大枝轮生,斜展;小枝粗壮,一年生枝灰色或淡褐色。针叶 3 针 1 束,细长,下垂,长 20 ~35cm,宽约 1.5mm,边缘有细锯齿,背面光绿色,背面及腹面两侧均有气孔线;横切面呈扇状三角形;有 2 个中生树脂道;叶鞘长 2 ~3cm,宿存;鳞叶向下生长。雄球花单生,幼枝基部的苞片腋部有多数螺旋状排列的雄蕊;雌球花近顶生,球鳞先端反曲,翌年成熟,长 10 ~20cm,直径 6 ~9cm,梗较粗短;种鳞木质,近长方形,鳞盾隆起,具明显的横脊,鳞脐长三角状;种子呈倒卵圆形,长 8 ~12mm,具结合而生的翅,种翅长约 2.5cm,中部宽约 8mm。适于作为行道树、孤景树、风景林	中国仅分布于吉隆县冲色村至热索桥一带,海拔 1800 ~2400m 的山地,其分布中心是喜马拉雅山南坡,日喀则南部为其分布区的北缘
2	长叶云杉 *Picea smithiana*	国家三级重点保护植物,是西藏云杉属分布海拔最低的树种,也是喜马拉雅特有种。高可达 25 ~60m,胸径 40 ~160cm。树干通直,枝叶美观,以具四棱状细长条形的针叶而得名。大枝平展,小枝下垂,圆锥形树冠近似塔状。球果圆柱形,长 8cm,熟前绿色,熟后褐色。针叶长 3 ~5cm,先端尖微弯。作庭园观赏树可与雪松媲美	分布于海拔 2000 ~3000m 的吉隆山地森林中
3	西藏冷杉 *Abies spectabilis*	珍稀树种。常绿乔木,高 20 ~50m,胸径 50 ~150cm。树皮裂成鳞片块状,叶在枝上呈半圆形辐射伸展,或在侧枝上排列成彼此重叠的两列,叶线形,长 2.5 ~6cm,宽 2 ~3mm,顶端凹缺或两裂,下面有两条白色气孔带。球果成熟前深蓝紫色,圆柱形,成熟后淡蓝褐色,有时微被白粉,卵状圆柱形或短圆柱形,长 9.5 ~15cm,直径 5.5 ~8cm,有短梗;种鳞扇状四方形或倒三角形扇形,长 2.1 ~2.8cm,宽 2.5 ~3.4cm。适于作为风景林、孤景树等	中国仅产于吉隆、聂拉木、定日、定结一带,产于海拔 2800 ~3800m 的山坡或沟边
4	西藏红豆杉 *Taxus wallichiana*	国家三级重点保护植物。藏语名"胜克薪"。多年生常绿乔木,成年树高 10 ~12m,胸径 35cm。小枝至秋季变黄绿色或淡红褐色。冬芽鳞片背部圆或有钝棱脊。花腋生,雌雄异株,雌花仅有胚珠 1 个,下托鳞片数枚。叶二列式,常微弯,镰形,长 1.5 ~3cm,边缘微反曲。种子扁卵形,两侧各有一不明显的棱脊,围成红色杯状假种皮。可作庭院树、风景林	中国仅产于吉隆、定日县海拔 2600 ~3400m 的森林中

续表

序号	植物名称	形态特征与主要园林用途	分布区域
5	西藏含笑 Michelia kisopa	常绿乔木,树皮灰色,幼嫩被灰色平伏柔毛。叶革质,披针形,长 12～15cm,宽 4～5cm,先端急尖或渐尖,两面无毛。花黄色,直径达 4cm,花被片 12。优良观花类园林植物	产于海拔 2400～2600m 的樟木镇杂木林内
6	滇藏木兰 Magnolia campbellii	藏语名"边玛塔布吉",含义为活佛手植树。树皮灰色,光滑。叶长 25cm 以上,长圆形至圆形或倒卵圆形,先端钝,幼时上面为青铜色,后变暗绿色,光滑或有毛。花极大,直径 30cm,淡粉红至深粉红及紫红色或白色,略芳香,花被片最多有 16 片,外侧花被片开展,内侧花被片直立,生在光滑的花柄上,晚冬到初春先于叶开放。优秀观花类园林植物	吉隆县、聂拉木县樟木镇均有分布
7	吉隆桑 Morus serrata	落叶乔木,树干褐色,树皮软厚,老时直裂。二年生枝条多为黄褐色,皮孔突起呈圆形或椭圆形;一年生枝条则为绿色,而且特别粗壮,直径 8～10mm。单叶互生,叶圆形或卵圆形,基部圆形或浅心形,先端短渐尖,边缘有粗锯齿。叶片大而厚是吉隆桑的主要特征。叶宽 11～15cm,长 17～20cm,叶面深绿色且光滑,叶背面多茸毛。叶脉掌状,叶柄长 6cm 左右。雌雄异株,子房上位,成腋生的柔荑花序,桑葚于叶柄基部腋生,桑葚有柄,成熟后呈暗紫色,适于作为孤景树种植	分布于吉隆县境内,生长地海拔 2300～2600m
8	西藏润楠 Machilus yunnanensis var. tibetana	常绿乔木,叶长椭圆形披针形至椭圆形,革质,两面无毛,侧脉 10～12 对,小脉结成脉网在两面形成细致的蜂窝状小窝穴。花小,圆锥花序。核果小,球形,木材富于香气,是建筑和制器的良材,适于室内盆栽或在亚热带南部城镇的小庭院点缀	产樟木、吉隆等地,产于海拔 1800～2300m 的杂木林中

日喀则地区珍贵的重点野生观赏植物资源主要分布在海拔 3000m 以下的区域,该区域已经属于亚热带北缘,可以通过人工培育形成植物新品种,进而为日喀则地方经济服务。

第三节 山南地区园林植物资源

山南地区行署驻地泽当镇(泽当,在藏语中的含义就是"猴子玩耍的坝子")位于乃东县中部、雅砻河入江处的三角洲地带,海拔

3551.7m，空气稀薄、日照强烈、气候多变、夏季凉爽、冬季严寒，属于半干旱温带高原气候。泽当镇与西藏首府拉萨市相距157.1km，距贡嘎机场97.3km，现在是山南地区政治、经济、文化、交通和信息中心，也是西藏第一个全国文明集镇。

泽当镇是西藏国家级风景名胜区——雅砻河风景名胜区（国务院〔1988〕51号文件公布，占地面积920km²）的中心。雅砻河风景名胜区拥有七大景区、58个景点，风景区涉及乃东、琼结、桑日、曲松、加查、扎囊、贡嘎和浪卡子8个县，是藏文化的摇篮和藏民族的发祥地，是以藏民族历史、佛教文化遗存为主体，壮丽自然的高原风光为背景，绚丽多彩的民族风情为特征的我国目前海拔最高、人文景观最集中、最突出的大型高原风景名胜区。本次园林植物调查区域就是以泽当镇为中心的雅砻河风景名胜区。

山南地区是西藏林业建设的典型地区，其造林树种的栽培已经积累了丰富的经验，为园林绿化建设的发展奠定了基础。因此，尽管山南地区行署所在地泽当镇园林绿化建设相对较晚，但在近年的园林建设中发展迅速，已经形成了以泽当河为中心的绿地系统格局。

一　山南地区园林植物种类

通过对山南地区园林植物的调查发现：山南地区现有常见栽培类园林绿化树种36种，分属于15科24属，其中，常绿植物8种，落叶植物28种。调查结果显示：在各类绿化应用中落叶乡土树种较多，主要为防护林、经济林成分；由于气候的缘故常绿树种较少，常绿树种应用数量也偏少。此外，山南地区各城镇中草本花卉应用也较少。

表3-10　山南地区主要栽培类木本园林植物

序号	植物名称	拉丁学名	主要园林用途	栽培地点
1	雪松	*Cedrus deodara*	环境美化	乃东
2	川西云杉	*Picea likiangensis var. rubescens*	环境美化，绿篱	乃东
3	圆柏	*Sabina chinensis*	环境美化，造型树为主	乃东
4	侧柏	*Platycladus orientalis*	环境美化，道路绿化	乃东,贡嘎,扎囊等
5	银杏	*Ginkgo biloba*	环境美化，经济林	乃东

续表

序号	植物名称	拉丁学名	主要园林用途	栽培地点
6	核桃	*Juglans regia*	经济林	乃东
7	金丝柳	*Salix alba* 'Tristis'	道路绿化,防护林	贡嘎,扎囊,琼结,乃东等
8	旱柳	*Salix matsudana*	道路绿化,防护林	贡嘎,扎囊,琼结,乃东等
9	白柳	*Salix alba*	道路绿化,防护林	贡嘎,扎囊,琼结,乃东等
10	北京杨0567	*Populus × beijingensis* '0567'	道路绿化,防护林	贡嘎,扎囊,琼结,乃东等
11	新疆杨	*Populus alba* var. *pyramidalis*	道路绿化,防护林	贡嘎,扎囊,琼结,乃东等
12	藏川杨	*Populus szechuanica* var. *tibetica*	道路绿化,防护林	贡嘎,扎囊,琼结,乃东等
13	银白杨	*Populus alba*	道路绿化,防护林	贡嘎,扎囊,琼结,乃东等
14	优胜杨	*Populus* cv.	道路绿化,防护林	贡嘎,扎囊,琼结,乃东等
15	沙兰杨	*Populus × canadensis* 'Sacrou 79'	道路绿化,防护林	贡嘎,扎囊,琼结,乃东等
16	榆树	*Ulmus pumila*	环境美化,道路绿化	贡嘎
17	小苞水柏枝	*Myricaria wardii*	防护林	贡嘎,扎囊,琼结,乃东等
18	苹果	*Malus pumila*	经济林	乃东,加查县
19	垂丝海棠	*Malus halliana*	环境美化	乃东
20	梨	*Pyrus* spp.	经济林	乃东
21	桃	*Prunus persica*	经济林	乃东
22	杏	*Prunus vulgaris*	经济林	扎囊县朗赛林庄园
23	榆叶梅	*Prunus triloba*	环境美化	乃东
24	紫叶李	*Prunus cerasifera* f. *atropurpurea*	环境美化	乃东
25	杏梅	*Prunus mume* var. *bungo*	环境美化	乃东
26	皱皮木瓜	*Chaenomeles speciosa*	环境美化	乃东
27	花椒	*Zanthoxylum bungeanum*	经济林	乃东
28	月季	*Rosa hybrida*	环境美化	乃东
29	大叶黄杨	*Euonymus japonicus*	环境美化	乃东
30	沙棘	*Hippophae rhamnoides*	防护林	隆子县新巴乡
31	鹅掌柴	*Schefflera heptaphylla*	室内盆栽	乃东
32	红王子锦带	*Weigela florida* 'Red Prince'	花篱	乃东
33	狭叶梣	*Fraxinus baroniana*	行道树	乃东
34	金叶女贞	*Ligustrum ovalifolium × vicaryi*	环境美化	乃东
35	紫叶小檗	*Berberis thunbergii* 'Atropurpurea'	环境美化,花篱	乃东
36	槐	*Sophora japonica*	环境美化	乃东

从表3-10可知,山南地区木本园林植物主要以杨柳科(9种)和蔷薇科(11种)植物为主,在园林植物应用方面,以防护林建设、经济林

建设为重点，但用于环境美化的园林植物也已经到达 27 种，占全部园林植物的 75%。所有园林植物种类中，常绿植物仅有 9 种（含一种室内盆栽植物），占全部园林植物的 25%。

二 山南地区园林植物分析

从植物分布的科来看（见表 3 - 11），山南地区园林绿化树种以杨柳科、蔷薇科植物为主。该 2 科中，蔷薇科植物达 11 种之多，多数是 2011 年开始大规模进行城镇建设时首次在山南园林建设中得到应用的，同时，蔷薇科植物在山南地区也以经济林的形式存在。传统应用上，街道绿化、单位附属绿地、广场绿地等各种绿地类型上应用的仅有月季，但近年来应用的众多蔷薇科栽培植物的优异表现说明多数耐寒的蔷薇科园林植物在山南地区有引种栽培的可能性。

表 3 - 11　山南地区各科具 5 种以上园林绿化植物统计

序号	科　名	种数	主要园林绿化植物
1	杨柳科	9	金丝柳、旱柳、白柳、北京杨 0567 等
2	蔷薇科	11	月季、桃、垂丝海棠、紫叶李等
合计	2	20	

此外，在本次调查中也发现，随着山南地区绿地的发展，外来园林植物品种在山南园林中得到了大量的应用，而西藏特色的野生观赏植物的园林化程度也得到了适当的体现，主要应用的有川西云杉、银白杨、小苞水柏枝等 3 种。

三 山南地区园林植物应用

山南地区现有常见栽培类园林绿化树种 36 种，分属于 15 科 24 属，其中，常绿植物 8 种，落叶植物 28 种。调查结果显示：在各类绿化应用中落叶乡土树种较多，主要为防护林、经济林成分；由于气候的缘故常绿树种较少，常绿树种应用数量也偏少。此外，山南地区各城镇中草本花卉应用也较少。因此在以后的开发利用规划中，应对园林植物的应用进行适当调整，使山南地区各城镇园林绿化植物的搭配趋于合理。

在山南地区泽当镇调查过程中还发现，金丝柳、狭叶桦两种树种在山南园林建设中已经奠定了约30年的栽培基础，可以作为当地特色树种进行大规模应用。2011年开始的园林建设工程中应用了大量的圆柏、侧柏的造型植物，尽管物种较为单一，但形式多变，丰富了山南园林绿地的景观多样性。

第四节　林芝地区园林植物资源

西藏林芝地区的八一镇地处尼洋河下游河谷，海拔3000m，气候属藏东南温暖半湿润气候区，林区类型隶属于雅鲁藏布江中游山地温湿针叶林区尼洋河流域针叶林亚区。年平均气温8.6℃，最热月平均气温15.6℃，最冷月平均气温0.2℃，极端最高气温30.2℃，极端最低气温−15.3℃，全年日均温≥10℃的日数为159.2d；年均降水量634.2mm，全年降水分布不均，主要集中在6～9月，占71.6%；平均相对湿度71%，湿润系数（$K = P/ET$）1.01，最大积雪厚度11cm；冰雹日数为2.8d，雷暴天数为28.3d，大风（≥17.0m/s）日数为7.6d；全年日照时数为1988.6h，日照百分率为46%；平均大气压706.5hPa，温湿系数8.3；最晚晚霜5月上旬，最早早霜9月下旬（西藏自治区气象局，1985）。

林芝地区是西藏各地区中应用园林植物最多的地区。到2012年底，林芝地区主要城镇应用的木本园林植物达148种，其中，野生迁地栽培或人工繁育58种，引种栽培90种，草本园林植物与室内盆栽植物共131种，发展非常迅速，仅2001年建设完成的林芝"福建园"项目就应用园林植物133种（含草本植物）（鲍隆友等，2002；刘智能等，2005）。

一　林芝地区园林植物种类

通过对林芝地区主要城镇园林植物的调查发现：林芝地区现有常见栽培的园林绿化树种148种。其中，野生迁地栽培或人工繁育58种，分属于24科43属，包含常绿植物19种，落叶植物39种；引种栽培类园林植物90种，分属于32科60属，包含常绿植物26种，落叶植物 64 种。

（一）野生观赏植物种类

林芝地区是西藏范围内通过迁地栽培或人工繁育方式栽培野生观赏植物最早的地区，但见诸文献记载的仅始于 20 世纪 90 年代，早期主要用于培育造林树种。1999 年后，西藏林芝地区在福建省的援建下于八一镇建设西藏综合性园林——福建园，在西藏农牧学院承担的园林绿化工程中，开展了大量的直接针对野生植物观赏特性利用的迁地栽培研究。通过 13a 的观察，目前生长良好的野生观赏植物有：高山松、林芝云杉、圆锥山蚂蝗（雅致山蚂蝗）*Desmodium elegans*、高丛珍珠梅、灰栒子、西藏箭竹、西南鸢尾 *Iris bulleyana*、乌柳、短柱金丝桃（多蕊金丝桃）*Hypericum hookerianum*、大花黄牡丹 *Paeonia ludlowii*、刺鼠李 *Rhamnus dumetorum* 等，这是西藏首次大规模进行以野生植物观赏价值利用为目标的迁地栽培的报道（鲍隆友等，2002；刘智能等，2005）。

在迁地栽培应用野生观赏植物的同时，区内还采用播种、扦插、组织培养等方法进行种质扩繁的研究，目前比较成功的有：借助种子繁殖方式培育高山松、西藏红杉、林芝云杉、急尖长苞冷杉 *Abies georgei var. smithii*、乔松、华山松、藏柏、巨柏、沙棘、核桃（陈端，1992）；山荆子、光核桃、大花黄牡丹（以上未见公开报道，但在西藏已经实际存在）；银白杨（张翠叶，2005）；大果圆柏（陈端，1992；土艳丽、央金卓嘎，2003）等。结合藏药材研究进行播种繁殖栽培试验的有：桃儿七 *Sinopodophyllum hexandrum*（鲍隆友等，2004）、光萼党参 *Codonopsis levicalyx*（鲍隆友，2006）、西藏八角莲 *Dysosma tsayuensis*（周进等，2004）、甘西鼠尾草 *Salvia przewalskii*（鲍隆友等，2005）等；借助无性繁殖培育长叶云杉（李晖等，2002）、西藏红豆杉（杨小林等，2001；李晖等，2002；大普琼等，2003）、云南红豆杉 *Taxus yunnanensis*（大普琼等，2002）、卷丹 *Lilium lancifolium*（中普琼等，2003）等，借助组织培养繁育卓巴百合 *Lilium wardii*（潘锦旭等，2002）、蓝玉簪龙胆 *Gentiana veitchiorum*（邢震等，2000）、多蕊金丝桃（邢震等，2000）、银白杨（李颖，2003）等，并试探性地进行了金脉鸢尾 *Iris chrysographes* 的无土栽培试验（苏迅帆等，2006）。

表 3 - 12　林芝地区植物栽培中已经涉及的野生观赏植物（2007）

类别	植物名称	物种数
木本观赏植物	西藏红杉、高山松、云南松、乔松、林芝云杉、急尖长苞冷杉、华山松、藏柏、大果圆柏、巨柏、西藏红豆杉、云南红豆杉、银白杨、乌柳、川滇高山栎、核桃、大花黄牡丹、黄牡丹、高丛珍珠梅、山荆子、黄杨叶枸子、灰枸子、刺鼠李、光核桃、西南花楸、沙棘、青刺尖、多蕊金丝桃、太白深灰槭、雅致山蚂蝗等	30
草本观赏植物	西藏八角莲、桃儿七、杂色钟报春、甘西鼠尾草、绒毛鼠尾草、蓝玉簪龙胆、卓巴百合、西南鸢尾、金脉鸢尾、黄蝉兰、长叶兰等	11
竹类观赏植物	西藏箭竹	1
合　计		42

2007 年以后，通过迁地栽培、种子播种、扦插育苗或者组织培养等手段进行西藏野生观赏植物资源的研究进一步深入，当前应用的木本观赏植物已经达到 25 科 43 属 58 种，见表 3 - 13。

表 3 - 13　林芝地区主要野生类木本园林植物（2012）

序号	植物名称	科、属	拉丁学名	主要园林用途	栽培地点
1	急尖长苞冷杉	松科冷杉属	*Abies georgei var. smithii*	行道树	林芝,原产林芝
2	林芝云杉	松科云杉属	*Picea linzhiensis*	行道树	林芝,原产林芝
3	油麦吊云杉	松科云杉属	*Picea brachytyla var. complanata*	行道树	林芝,原产林芝
4	西藏红杉	松科落叶松属	*Larix griffithiana*	环境美化	林芝,原产林芝
5	高山松	松科松属	*Pinus densata*	环境美化,行道树	林芝,原产波密
6	云南松	松科松属	*Pinus yunnanensis*	环境美化,行道树	察隅,原产地
7	乔松	松科松属	*Pinus wallichiana*	环境美化,行道树	林芝,原产波密
8	华山松	松科松属	*Pinus armandi*	环境美化,行道树	林芝,原产林芝
9	巨柏	柏科柏木属	*Cupressus gigantea*	环境美化	林芝,原产林芝
10	藏柏	柏科柏木属	*Cupressus torulosa*	环境美化	林芝,原产林芝
11	大果圆柏	柏科圆柏属	*Sabina tibetica*	环境美化,行道树	林芝,原产拉萨
12	西藏红豆杉	红豆杉科红豆杉属	*Taxus wallichiana*	环境美化	林芝,原产吉隆
13	云南红豆杉	红豆杉科红豆杉属	*Taxus yunnanensis*	造林	林芝,原产通麦
14	山杨	杨柳科杨属	*Populus davidiana*	环境美化	林芝,原产林芝
15	藏川杨	杨柳科杨属	*Populus szechuanica var. tibetica*	环境美化,行道树	林芝,原产林芝

续表

序号	植物名称	科、属	拉丁学名	主要园林用途	栽培地点
16	乌柳	杨柳科柳属	*Salix cheilophila*	环境美化	林芝,原产林芝
17	川滇柳	杨柳科柳属	*Salix rehderiana*	环境美化	林芝,原产林芝
18	核桃	胡桃科胡桃属	*Juglans regia*	环境美化,经济林	林芝,原产林芝
19	裂叶蒙桑	桑科桑属	*Morus mongolica* var. *diabolica*	环境美化	林芝,原产林芝
20	微绒绣球	虎耳草科八仙花属	*Hydrangea heteromalla*	环境美化	林芝,原产波密
21	黄牡丹	毛茛科牡丹属	*Paeonia delavayi* var. *lutea*	环境美化	林芝,原产林芝
22	大花黄牡丹	毛茛科牡丹属	*Paeonis ludlowii*	环境美化	林芝,原产林芝
23	楔叶绣线菊	蔷薇科绣线菊属	*Spiraea canescens*	环境美化	林芝,原产林芝
24	高丛珍珠梅	蔷薇科珍珠梅属	*Sorbaria arborea*	环境美化	林芝,原产林芝
25	黄杨叶栒子	蔷薇科栒子属	*Cotoneaster buxifolius*	环境美化	林芝,原产林芝
26	白毛小叶栒子	蔷薇科栒子属	*Cotoneaster microphyllus* var. *cochleatus*	环境美化	林芝,原产林芝
27	灰栒子	蔷薇科栒子属	*Cotoneaster acutifolius*	环境美化	林芝,原产林芝
28	西南花楸	蔷薇科花楸属	*Sorbus rehderiana*	环境美化	林芝,原产林芝
29	西藏木瓜	蔷薇科木瓜属	*Chaenomeles thibetica*	环境美化,经济林	林芝,原产波密
30	山荆子	蔷薇科苹果属	*Malus baccata*	环境美化	林芝,原产林芝
31	丽江山荆子	蔷薇科苹果属	*Malus rockii*	环境美化	林芝,原产林芝
32	粉枝莓	蔷薇科悬钩子属	*Rubus biflorus*	环境美化	林芝,原产林芝
33	峨嵋蔷薇	蔷薇科蔷薇属	*Rosa omeiensis*	环境美化	林芝,原产林芝
34	光核桃	蔷薇科李属	*Prunus mira*	环境美化	林芝,原产林芝
35	青刺尖	蔷薇科扁核木属	*Prinsepia utilis*	环境美化	林芝,原产东久
36	砂生槐	豆科槐属	*Sophora moorcroftiana*	环境美化,水土保持	林芝,原产林芝
37	雅致山蚂蝗	豆科山蚂蝗属	*Desmodium elegans*	环境美化,水土保持	林芝,原产林芝
38	尼泊尔黄花木	豆科黄花木属	*Piptanthus nepalensis*	环境美化	林芝,原产林芝
39	西藏卫矛	卫矛科卫矛属	*Euonymus tibeticus*	环境美化	林芝,原产林芝
40	显柱南蛇藤	卫矛科南蛇藤属	*Celastrus stylosus*	环境美化	林芝,原产察隅
41	太白深灰槭	槭科槭属	*Acer caesium* subsp. *giraldii*	环境美化	林芝,原产林芝
42	长尾槭	槭科槭属	*Acer caudatum*	环境美化	林芝,原产林芝
43	多蕊金丝桃	藤黄科金丝桃属	*Hypericum hookerianum*	环境美化	林芝,原产林芝
44	粉绿野丁香	茜草科野丁香属	*Leptodermis potaninii* var. *glauca*	环境美化	林芝,原产林芝
45	长瓣瑞香	瑞香科瑞香属	*Dephne longilobata*	环境美化	林芝,原产东久

续表

序号	植物名称	科、属	拉丁学名	主要园林用途	栽培地点
46	刺鼠李	鼠李科鼠李属	*Rhamnus dumetorum*	环境美化	林芝,原产林芝
47	勾儿茶	鼠李科勾儿茶属	*Berchemia sinica*	环境美化	林芝,原产林芝
48	头状四照花	山茱萸科四照花属	*Dendrobenthamia capitata*	环境美化	林芝,原产察隅
49	小苞水柏枝	柽柳科水柏枝属	*Myricaria wardii*	环境美化	林芝,原产林芝
50	西藏素方花	木樨科素馨属	*Jasminum officinale* var. *tibeticum*	环境美化	林芝,原产林芝
51	牛奶子	胡颓子科胡颓子属	*Elaeagnus umbellata*	环境美化	林芝,原产林芝
52	云南沙棘	胡颓子科沙棘属	*Hippophae rhamnoides* subsp. *yunnanensis*	环境美化	林芝,原产林芝
53	紫玉盘杜鹃	杜鹃花科杜鹃花属	*Rhododendron uvariifolium*	环境美化	林芝,原产林芝
54	散鳞杜鹃	杜鹃花科杜鹃花属	*Rhododendron bulu*	环境美化	林芝,原产林芝
55	黄杯杜鹃	杜鹃花科杜鹃花属	*Rhododendron wardii*	环境美化	林芝,原产林芝
56	川滇高山栎	壳斗科栎属	*Quercus aquifolioides*	环境美化	林芝,原产林芝
57	西藏箭竹	禾本科箭竹属	*Fargesia macclureana*	环境美化	林芝,原产林芝
58	桫椤	桫椤科桫椤属	*Alsophila spinulosa*	环境美化	墨脱,原产墨脱

（二）栽培类观赏植物种类

林芝地区最早引种的木本园林植物是白柳、龙爪柳、桃等,主要用于经济林、水土保持和公路护坡保护栽培,其种源可能来源于拉萨。但1975年后引种的木本园林植物已经单独从四川、陕西引种了,引种植物最多的是21世纪的近10年时间,见表3-14。

表3-14 不同时间段引种植物数量

时 期	20世纪以前	20世纪	21世纪	合计
引种种类数量	3	31	56	90
科 属	2科3属	18科28属	12科27属	32科58属
植物用途	经济林、水土保持、公路保护	经济林、造林树种、环境美化	环境美化	—

从引种植物的科属分布可以看出,20世纪以前主要侧重于经济用途以及外来归化植物,20世纪引种植物侧重于多科属植物的筛选,而21世

纪以后则是在 20 世纪引种成功的科属中进行重点种的引种，即随着引种实践技术的不断提高，引种的目标性进一步明确，针对性更强。同时，21 世纪以后突出了环境美化植物的应用，已经从植物的生产功能向植物的生态功能逐渐转变。

具体引种植物见表 3 – 15。

表 3 – 15　林芝地区栽培类木本园林植物

序号	植物名称	科、属	拉丁学名	主要园林用途	栽培地点
1	银杏	银杏科银杏属	*Ginkgo biloba*	环境美化	林芝,四川引种,2000 年
2	青海云杉	松科云杉属	*Picea crassifolia*	环境美化,行道树	林芝,青海引种,2004 年
3	日本落叶松	松科落叶松属	*Larix kaempferi*	环境美化	林芝,四川引种,1978 年
4	雪松	松科雪松属	*Cedrus deodara*	环境美化,行道树	林芝,四川引种,1978 年
5	北非雪松	松科雪松属	*Cedrus atlantica*	环境美化,行道树	林芝,四川引种,2009 年
6	北美短叶松	松科松属	*Pinus banksiana*	环境美化,行道树	林芝,四川引种,1978 年
7	油松	松科松属	*Pinus tabulaeformis*	环境美化,造林	林芝,四川引种,1978 年
8	水杉	杉科水杉属	*Metasequoia glyptostroboides*	环境美化	林芝,四川引种,1975 年
9	圆柏	柏科圆柏属	*Sabina chinensis*	环境美化,行道树	林芝,四川引种,1978 年
10	干香柏	柏科柏木属	*Cupressus duclouxiana*	环境美化	林芝,四川引种,1978 年
11	绿干柏	柏科柏木属	*Cupressus arizonica*	环境美化	林芝,江苏引种,1978 年
12	侧柏	柏科侧柏属	*Platycladus orientalis*	环境美化	林芝,四川引种,1978 年
13	洒金千头柏	柏科侧柏属	*Platycladus orientalis* 'Aureus nanus'	环境美化	林芝,四川引种,2001 年
14	日本扁柏	柏科扁柏属	*Chamaecyparis obtusa*	环境美化	林芝,四川引种,1978 年
15	荷花玉兰	木兰科木兰属	*Magnolia grandiflora*	环境美化	林芝,四川引种,2000 年
16	玉兰	木兰科木兰属	*Magnolia denudata*	环境美化	林芝,四川引种,1978 年
17	矮紫叶小檗	小檗科小檗属	*Berberis thunbergii* 'Atropurpurea nana'	环境美化	林芝,四川引种,2000 年
18	南天竹	小檗科南天竹属	*Nandina domestica*	环境美化	林芝,四川引种,2000 年
19	悬铃木	悬铃木科悬铃木属	*Platanus acerifolia*	环境美化,行道树	林芝,南京引种,1985 年
20	龙桑	桑科桑属	*Morus alba* var. *tortuosa*	环境美化	林芝,四川引种,2006 年
21	龙爪榆	榆科榆属	*Ulmus pumila* 'Pendula'	环境美化	林芝,四川引种,2007 年

续表

序号	植物名称	科、属	拉丁学名	主要园林用途	栽培地点
22	北京杨	杨柳科杨属	*Populus × beijingensis*	环境美化,行道树	林芝,四川引种,1965 年
23	银白杨	杨柳科杨属	*Populus alba*	环境美化	林芝,拉萨引种,1995 年
24	白柳	杨柳科柳属	*Salix alba*	环境美化,行道树	林芝,北京引种,唐代
25	龙爪柳	杨柳科柳属	*Salix matsudana* 'Tortuosa'	环境美化	林芝,四川引种,唐代
26	绦柳	杨柳科柳属	*Salix matsudana* f. *pendula*	环境美化	林芝,四川引种,2000 年
27	金丝柳	杨柳科柳属	*Salix alba* 'Tristis'	环境美化,行道树	林芝,北京引种,2000 年
28	麻叶绣线菊	蔷薇科绣线菊属	*Spiraea cantoniensis*	环境美化	林芝,四川引种,2000 年
29	七姊妹	蔷薇科蔷薇属	*Rosa multiflora* 'Platyphylla'	环境美化	林芝,四川引种,1975 年
30	月季	蔷薇科蔷薇属	*Rosa hybrida*	环境美化	林芝,四川引种,2000 年
31	黄刺玫	蔷薇科蔷薇属	*Rosa xanthina*	环境美化	林芝,四川引种,2006 年
32	梅	蔷薇科李属	*Prunus mume*	环境美化	林芝,四川引种,2000 年
33	杏梅	蔷薇科李属	*Prunus mume* var. *bungo*	环境美化	林芝,四川引种,2000 年
34	桃	蔷薇科李属	*Prunus persica* cvs.	环境美化	林芝,四川引种,唐代
35	紫叶桃	蔷薇科李属	*Prunus persica* 'Atropurpurea'	环境美化	林芝,四川引种,2000 年
36	寿星桃	蔷薇科李属	*Prunus persica* 'Densa'	环境美化	林芝,陕西引种,2000 年
37	山樱花	蔷薇科李属	*Prunus serrulata*	环境美化	林芝,陕西引种,2000 年
38	日本晚樱	蔷薇科李属	*Prunus serrulata* var. *lannesiana*	环境美化,行道树	林芝,陕西引种,2000 年
39	碧桃	蔷薇科李属	*Prunus persica* var. *duplex*	环境美化	林芝,陕西引种,2000 年
40	紫叶李	蔷薇科李属	*Prunus cerasifera* f. *atropurpurea*	环境美化	林芝,陕西引种,2000 年
41	榆叶梅	蔷薇科李属	*Prunus triloba*	环境美化	林芝,陕西引种,2000 年
42	卵果秋子梨	蔷薇科梨属	*Pyrus ussuriensis* var. *ovoidea*	环境美化,经济林	林芝,朝鲜引种,1965 年
43	皱皮木瓜	蔷薇科木瓜属	*Chaenomeles speciosa*	环境美化	林芝,四川引种,2000 年
44	日本木瓜	蔷薇科木瓜属	*Chaenomeles japonica*	环境美化	林芝,四川引种,2000 年
45	苹果	蔷薇科苹果属	*Malus pumila*	环境美化,经济林	林芝,四川引种,1965 年

续表

序号	植物名称	科、属	拉丁学名	主要园林用途	栽培地点
46	垂丝海棠	蔷薇科苹果属	*Malus halliana*	环境美化	林芝,四川引种,2000 年
47	火棘	蔷薇科火棘属	*Pyracantha fortuneana*	环境美化	林芝,陕西引种,2000 年
48	山楂	蔷薇科山楂属	*Crataegus pinnatifida*	环境美化	林芝,四川引种,1985 年
49	红叶石楠	蔷薇科石楠属	*Photinia × fraseri*	环境美化	林芝,四川引种,2007 年
50	棣棠	蔷薇科棣棠属	*Keeria japonica*	环境美化	林芝,四川引种,2000 年
51	紫荆	豆科紫荆属	*Cercis chinensis*	环境美化	林芝,四川引种,2000 年
52	槐	豆科槐属	*Sophora japonica*	环境美化,行道树	林芝,四川引种,2000 年
53	龙爪槐	豆科槐属	*Sophora japonica* f. *pendula*	环境美化	林芝,四川引种,2000 年
54	刺槐	豆科刺槐属	*Robinia pseudoacacia*	环境美化	林芝,四川引种,1980 年
55	四倍体刺槐	豆科刺槐属	*Robinia pseudoacacia* 'Tetraploid'	环境美化	林芝,四川引种,1998 年
56	香花槐	豆科刺槐属	*Robinia × ambigua* 'Idahoensis'	环境美化,行道树	林芝,四川引种,2006 年
57	合欢	豆科合欢属	*Albizia julibrissin*	环境美化	林芝,四川引种,2006 年
58	紫藤	豆科紫藤属	*Wisteria sinensis*	环境美化	林芝,四川引种,2000 年
59	大叶黄杨	卫矛科卫矛属	*Euongmus japonicus*	环境美化	林芝,四川引种,1985 年
60	瓜子黄杨	黄杨科黄杨属	*Buxus sinica*	环境美化	林芝,四川引种,2006 年
61	葡萄	葡萄科葡萄属	*Vitis vinifera*	环境美化	林芝,四川引种,1990 年
62	地锦	葡萄科地锦属	*Parthenocissus tricuspidata*	环境美化	林芝,四川引种,2000 年
63	栾树	无患子科栾树属	*Koelreuteria paniculata*	环境美化	林芝,四川引种,2000 年
64	元宝槭	槭科槭属	*Acer truncatum*	环境美化	林芝,四川引种,2000 年
65	鸡爪槭	槭科槭属	*Acer palmatum*	环境美化	林芝,四川引种,2000 年
66	羽毛槭	槭科槭属	*Acer palmatum* var. *dissectum*	环境美化	林芝,四川引种,2000 年
67	臭椿	苦木科臭椿属	*Ailanthus altissima*	环境美化	林芝,四川引种,1990 年
68	香椿	楝科香椿属	*Toona sinensis*	环境美化	林芝,四川引种,1990 年
69	樟	樟科樟属	*Cinnamomum camphora*	环境美化,行道树	察隅,四川引种,2004 年
70	女贞	木樨科女贞属	*Ligustrum lucidum*	环境美化	林芝,四川引种,2000 年
71	小蜡	木樨科女贞属	*Ligustrum sinense*	环境美化	林芝,四川引种,1990 年
72	金边卵叶女贞	木樨科女贞属	*Ligustrum ovalifolium* 'Aureum'	环境美化	林芝,四川引种,2006 年

序号	植物名称	科、属	拉丁学名	主要园林用途	栽培地点
73	金叶女贞	木樨科女贞属	*Ligustrum ovalifolium × vicaryi*	环境美化	林芝,四川引种,2006 年
74	迎春花	木樨科素馨属	*Jasminum nudiflorum*	环境美化	林芝,四川引种,2000 年
75	桂花	木樨科木樨属	*Osmanthus fragrans*	环境美化	林芝,四川引种,1990 年
76	连翘	木樨科连翘属	*Forsythia suspensa*	环境美化	林芝,四川引种,2000 年
77	白丁香	木樨科丁香属	*Syringa oblata var. alba*	环境美化	林芝,四川引种,2000 年
78	小叶梣	木樨科梣属	*Fraxinus bungeana*	环境美化	林芝,四川引种,1990 年
79	锦带花	忍冬科锦带花属	*Weigela florida*	环境美化	林芝,四川引种,2006 年
80	金银花	忍冬科忍冬属	*Lonicera japonica*	环境美化	林芝,四川引种,1995 年
81	毛鹃(锦绣杜鹃)	杜鹃花科杜鹃花属	*Rhododendron × pulchrum*	环境美化	林芝,四川引种,2000 年
82	紫竹	禾本科刚竹属	*Phyllostachys nigra*	环境美化	林芝,四川引种,2000 年
83	凤尾丝兰	百合科丝兰属	*Yucca gloriosa*	环境美化	林芝,四川引种,1995 年
84	蜡梅	蜡梅科蜡梅属	*Chimonanthus praecox*	环境美化	林芝,四川引种,2000 年
85	棕榈	棕榈科棕榈属	*Trachycarpus fortunei*	环境美化	林芝,四川引种,1990 年
86	紫薇	千屈菜科紫薇属	*Lagerstroemia indica*	环境美化	林芝,四川引种,2000 年
87	柿	柿树科柿树属	*Diospyros kaki*	环境美化	林芝,四川引种,2000 年
88	重瓣石榴	石榴科石榴属	*Punica granatum 'Pleniflora'*	环境美化	林芝,四川引种,2000 年
89	结香	瑞香科结香属	*Edgeworthia chrysantha*	环境美化	林芝,四川引种,2001 年
90	杜仲	杜仲科杜仲属	*Eucommia ulmoides*	环境美化	林芝,四川引种,1990 年

在以上成功引种的植物中,需要注意的是结香、杜仲、紫薇、合欢、香花槐、银杏、日本扁柏、桂花等观赏植物的植株数量极少,目前仅在苗圃地、公园、校园有少量单株保存。

二 林芝地区园林植物分析

由表 3-16 可知,林芝地区用于园林绿化的植物种类中,乔、灌木占优势,花灌木的数量已经远超过拉萨市,达 67 种之多(含部分灌木化栽培乔木种类，如云南红豆杉等），是拉萨市花灌木种类的 5 倍之多；但用于垂直绿化的蔓木类植物、竹类依然匮乏，其中，蔓木类植物仅有七姊妹、金银花、葡萄、地锦、勾儿茶、显柱南蛇藤、西藏素方花、紫藤 8 种，竹类观赏植物仅有西藏箭竹、紫竹 2 种。因此，林芝地区园林绿化中，应进一步拓宽蔓木类植物、竹类的引种与野生植物驯化栽培。

表 3-16　林芝地区园林绿化树种生活型统计

类　型	乔木类	灌木类	蔓木类	竹类	合计
种　数	71	67	8	2	148
百分比(%)	47.97	45.27	5.41	1.35	100

同时，灌木数量的增加进一步改善了林芝地区园林绿化树种的乔灌比，为配置更加符合生态环境质量要求的植物群落创造了条件。从竹类植物的种类上来看，后续引进的可以重点考虑引种合轴型的丛生竹类，如箣竹属的椽竹 *Bambusa textilis* var. *fasca*、紫青皮竹 *Bambusa textilis* 'Purpursascens'、硬头黄竹 *Bambusa rigida*、粉单竹 *Bambusa chungii*、金丝慈竹 *Bambusa emeiensis* 'Viridiflavus' 等。

三　林芝地区园林植物应用

完美的植物景观配置设计必须具备科学性与艺术的高度统一，既要满足植物生物学特性与环境相适应的要求，又要通过艺术构图原理，体现出植物个体与群体的形式美及人们在欣赏时所产生的意境美。巧妙、充分地利用植物的形体、线条、色彩、质地进行构图，使之成为一幅活的动态画面。因此，林芝地区园林植物应用中需要注意以下几个问题。

（一）遵循生物学特性与环境相协调的原则，进一步补充新植物

在植物材料的配置过程中，进一步针对特定的土壤、小气候条件安排相适应的植物种类，做到适地适树、适地适花。如在阳光充足的地方补充喜阳树种垂柳、榆树、悬铃木等；在树荫下或墙的北面补充耐阴种类如玉簪、八角金盘 *Fatsia japonica* 等；在空旷地上补充深根性的树种，如西藏长叶松、长叶云杉等；在空气有污染的交通道路旁选择抗硫能力

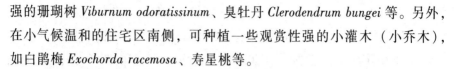

强的珊瑚树 *Viburnum odoratissinum*、臭牡丹 *Clerodendrum bungei* 等。另外，在小气候温和的住宅区南侧，可种植一些观赏性强的小灌木（小乔木），如白鹃梅 *Exochorda racemosa*、寿星桃等。

（二）尽量延长整体观赏期并注意其色彩的变化

在高原地区，虽然要做到"三季有花，四季常青"有困难，但可以根据具体情况采取一些措施，使植物材料的花期合理搭配，同样可以做到"二季有花，三季常青"。例如采用黄刺玫、毛鹃、猬实 *Kolkwitzia amabilis*、微绒绣球等混栽或分别布置于同一个环境中，可以使观赏期延续几个月。另外在疏林下，可以布置一些早春野生宿根花卉，如短柱侧金盏花 *Adonis brevistyla*、草玉梅 *Anemone rivularis*、鸢尾、蕨麻 *Potentilla anserina*、紫花地丁 *Viola yedoensis* 等，可以使花期提前到 3 ~ 4 月份。

（三）多使用观果和彩叶树种，尽量使色彩柔和

植物配置时，为了弥补高原地区花色的不足，应注意使用不同色彩的植物材料以及它们之间的相互搭配，尤其是观果和彩叶树种。例如寒冷的冬季，在白雪映衬下，西南花楸、峨嵋蔷薇的红色果实格外醒目诱人。秋季珠峰小檗 *Berberis everestiana*、二色锦鸡儿 *Caragana bicolor*、毛叶米饭花 *Lyonia villosa* 等的红叶与杨树的黄叶以及云杉的浓绿产生强烈的对比等。让色彩的变化与对比，使秋、冬季增添生机与魅力。

（四）增强植物造型，尽量使景观配置富于变化

在绿化中，植物材料的整形配置方式常被用于景观设计中。这一点在相对缺少植物材料的高原地区显得尤为重要。它一方面可以弥补植物材料的相对不足，另一方面可以使景观配置更富于变化。这类树种要求树形整齐，个性强，能单独表现其特性，且要枝叶稠密，轮廓分明，耐修剪，再生能力强等。现有可进行植物造型的树种有：云杉、圆柏、小蜡、矮紫叶小檗、金叶女贞等。

第五节　昌都地区园林植物资源

昌都地区行署所在地昌都镇旧名"察木多"，又名城关镇，1959 年建城关区，1963 年改镇。昌都镇海拔 3240.7m，地处横断山脉内和澜沧江源头谷地中，素有"藏东明珠"的美称和"藏东门户"的盛誉。昌都镇中，214国道、317国道贯穿全镇，澜沧江上游支流扎曲、昂曲穿越其中，将县城分割成加惹坝、四川坝、云南坝、马草坝四个坝子（即台地）；其中：加惹坝是老城区，是城镇核心区，四川坝设有医院，云南坝为行政机关驻地，马草坝是新建文化区。登上马草坝东北坡，鸟瞰全城，古城犹如一个宝瓶，扎曲、昂曲犹如雄鹰展翅，景色壮丽。

一 昌都地区园林植物种类

据2011年补充调查，昌都地区行署所在地昌都县昌都镇常见栽培的园林植物有26种，种类较少，但以环境美化类的园林植物为主。其中，常绿树种10种，落叶树种16种。

从时间段上来看，早期应用的仅为造林树种，如：84K杨、垂柳，中期开始引进园林树种，如：狭叶梣、悬铃木、垂柳，并将果树作园林树种应用，21世纪后才开始正式进行园林植物引种，引种植物达20种之多，是历史上引种园林植物最多的时期。主要栽培类木本观赏植物见表3-17。

表3-17 昌都地区主要栽培类木本观赏植物

序号	植物名称	科、属	拉丁学名	园林应用	栽培地点
1	雪松	松科雪松属	*Cedrus deodora*	行道树	昌都镇，2000年
2	圆柏	柏科圆柏属	*Sabina chinensis*	分车带绿化	昌都镇，2000年
3	侧柏	柏科侧柏属	*Platycladus orientalis*	分车带绿化	昌都镇，2006年
4	银杏	银杏科银杏属	*Ginkgo biloba*	环境美化	昌都镇，2005年
5	荷花玉兰	木兰科木兰属	*Magnolia grandiflora*	孤植，环境美化	昌都镇，2005年
6	84K杨	杨柳科杨属	*Populus alba × glandulosa*	行道树	昌都镇，1965年
7	垂柳	杨柳科柳属	*Salix babylonica*	街道绿化	昌都镇，1985年
8	白柳	杨柳科柳属	*Salix alba*	行道树，环境美化	昌都镇，1965年
9	苹果	蔷薇科苹果属	*Malus pumila*	孤植，环境美化	昌都镇，1985年
10	月季	蔷薇科蔷薇属	*Rosa hybrida*	环境美化	昌都镇，2005年
11	山樱花	蔷薇科李属	*Prunus serreulata*	环境美化	昌都镇，2005年

序号	植物名称	科、属	拉丁学名	园林应用	栽培地点
12	紫叶桃	蔷薇科李属	*Prunus persica* 'Atropurpurea'	环境美化	昌都镇,2005 年
13	紫叶李	蔷薇科李属	*Prunus cerasifera* f. *atropurpurea*	环境美化	昌都镇,2005 年
14	龙爪槐	豆科槐属	*Sophora japonica* f. *pendula*	环境美化	昌都镇,2005 年
15	槐	豆科槐属	*Sophora japonica*	街道绿化,环境美化	昌都镇,2000 年
16	女贞	木樨科女贞属	*Ligustrum lucidum*	行道树,环境美化	昌都镇,2005 年
17	金边卵叶女贞	木樨科女贞属	*Ligustrum ovalifolium* 'Aureum'	环境美化	昌都镇,2005 年
18	小叶女贞	木樨科女贞属	*Ligustrum quihoui*	环境美化	昌都镇,2005 年
19	桂花	木樨科木樨属	*Osmanthus fragrans*	环境美化	昌都镇,2005 年
20	白丁香	木樨科丁香属	*Syringa oblata* var. *alba*	环境美化	昌都镇,2005 年
21	狭叶梣	木樨科梣属	*Fraxinus baroniana*	环境美化	昌都镇,1985 年
22	紫叶小檗	小檗科小檗属	*Berberis thunbergii* 'Atropurpurea'	环境美化,花篱	昌都镇,2005 年
23	大叶黄杨	卫矛科卫矛属	*Euongmus japonicus*	习见绿篱	昌都镇,2000 年
24	悬铃木	悬铃木科悬铃木属	*Platanus acerifolia*	行道树,环境美化	昌都镇,1985 年
25	鸡爪槭	槭科槭属	*Acer palmatum*	环境美化	昌都镇,2005 年
26	凤尾丝兰	百合科丝兰属	*Yucca gloriosa*	环境美化	昌都镇,2005 年

二 昌都地区园林植物分析

昌都地区用于园林绿化的植物种类是重点调查的 5 个地区行署所在地中最少的,且无蔓木类、竹类园林植物的应用。其中,21 世纪后引种的植物占 76.92%。此外,昌都镇的街道绿化处于起步阶段,前期栽培的 84K 杨、白柳等由于过度砍伐也没有得到很好的保存,后续种植的狭叶梣、女贞、雪松等行道树生长量还没有达到行道树的标准,而规模化的绿地仅集中在天津广场、强巴林寺两地,没有形成规模效应。

表 3-18　昌都地区园林绿化树种生活型统计

类　型	乔木类	灌木类	蔓木类	竹类	合计
种　数	16	10	0	0	26
百分比(%)	61.54	38.46	0	0	100

昌都地区交通条件较好，但城镇绿化率不高，其主要原因是城镇发展过程中受河流的制约较大，绿地面积一直难以拓展。为此，2012年昌都镇发起了周边荒山绿化工作，旨在通过高起点规划、高标准设计，使昌都镇园林绿化突出绿和美，突出自然景色，体现地方特色。

表3-19　各科具5种以上园林绿化植物统计

序号	科名	种数	主要园林绿化植物
1	木樨科	6	女贞、桂花、金叶女贞、狭叶梣、金边卵叶女贞、白丁香
2	蔷薇科	5	月季、紫叶桃、苹果、紫叶李、山樱花
合计	2	11	

从表3-19中可以看出，昌都地区园林植物主要是木樨科、蔷薇科植物，杨柳科植物仅为3种，这与西藏其他地区差异较大。而从大量应用的木樨科植物可以看出，该区域的水热条件优于西藏整体平均水平，在适当的引种、规范的植物管理条件下，昌都镇具有引种更大范围园林植物种类的潜质。

三　昌都地区园林植物应用

根据调查结果，昌都地区园林植物应用需要注意以下三个方面的问题。

（一）在现有基础上，选择引种管护粗放、生态效益高的园林植物

园林植物所表现的美是一种自然的充满活力的立体美，运用方式灵活，可以组织空间，突出季相变化，塑造多种景观效果，对环境的改善和保护作用明显。而且，观赏与实用，生态与经济效益兼备，寿命长，功效发挥稳定，持久适应能力强，养护管理粗放，省力节物，能够在较低经济投入的条件下，更好地发挥园林植物的生态效益。

（二）整体开展绿地系统规划，推进绿地量的提升

昌都地区园林植物种类较少，主要是由于城镇规模受地形限制较大，无法拓展形成较大规模的城市，致使园林建设常常是拆东补西，园林植物变化也较大，因此，建议在以后的园林建设中，进行详细的深入分析研究，在确定好规划方案后，不再进行绿地的"拆迁"。

（三）大力培育野生观赏植物，突出地方特色

昌都地区的森林资源是我国西南地区森林资源的主要组成部分，其中不乏优良的园林植物，如鳞皮云杉 *Picea aurantiaca var. retroflexa*、变叶海棠 *Malus toringoides*、大果圆柏、急尖长苞冷杉、云南红豆杉、川西云杉、滇藏木兰、藏杏 *Prunus holosericea* 等。

第四章 西藏园林植物资源数据库检索系统建设

　　仅从植物资源数据库角度来看，目前世界上有许多国家进行过尝试，取得了不少成果，例如：有 20 多位专家学者参加，耗资近千万美元的美国植物数据库工程（USDA-NRCS Plants Database，http：//plants. usda. gov）；IOPI（International Organization for Plant Information）的植物物种工程（IOPI Database of Plant Databases，http：//plantnet. rbgsyd. nsw. gov. au）；美国俄勒冈州立大学园艺系的木本园林植物检索系统（Woody Plant Identification System，http：//oregonstate. edu/dept/ldplants）以及中国科学院昆明植物研究所的中国植物物种信息数据库系统等（http：//db. kib. ac. cn）。此后，各种专门性数据库查询系统陆续出现，进一步促进了植物物种信息的规范化管理，例如，徐妍等（2000）的野生植物资源信息检索数据库，李月华等（2000）的园林植物标本数据库，田兴军等（2002）的江苏植物资源信息系统，程丹丹（2003）的武汉市植物多样性信息系统，段旭良等（2007）的林木和花卉种质资源信息共享平台，徐胜祥等（2007）的基于 Web 的种子植物分科检索系统，徐坤（2009）的宁夏野生食用植物资源调查与信息数据库的建立等。这些数据库多为基于 Web 的网络数据库，很少涉及西藏园林植物资源，且缺乏藏文名，不便于广大藏族科研工作者和藏族群众参考与应用。

　　为了合理有序保护与开发西藏野生园林植物资源，我们在 2004～2010 年以西藏林芝地区色季拉山为中心（N29°35′～29°57′，E94°25′～94°45′），采用线路调查和样方调查的方法开展了 20 多次野生园林植物资源调查工作，调查中共收集整理了 98 科 272 属 678 种（含变种、变型）

野生观赏植物资源；同时，开展了部分野生园林植物资源的价值评估。为进一步保护和开发利用西藏野生园林植物资源，又鉴于西藏地域广阔，野生园林植物资源种类众多、蕴藏量少且分布区域相对狭窄，而且许多野生园林植物资源的价值尚待进一步评估，不便于全部和全面地向全世界公开等原因，迫切需要一个便捷且相对独立的数据管理平台来进行种质资源信息的管理。

西藏园林植物资源数据库检索系统的构建是在吸收、消化以上研究成果的基础上进行的，旨在搭建一个基于 Windows 系统、相对独立的、具有高效检索和查询功能，且安全、稳定的共享平台，为西藏野生观赏植物的保护、利用和管理服务。

第一节　结构设计

一　系统构成概念设计

在系统功能分析的基础上，按照结构化程序设计要求进行以模块功能和处理过程为主的详细设计。采用自顶向下、逐步求精的程序设计方法将系统功能进行集中、分块处理，共设计有数据管理、用户查询和帮助信息 3 项一级模块。同时，系统中规定了普通用户和管理用户的权限，普通用户只具有通过用户查询一级模块查询数据和通过帮助信息一级模块获得帮助的权限，而管理用户还可以通过"数据管理"一级模块进行数据的添加、修改、删除、更新等维护操作。

3 个一级模块下又设置了 9 个二级子模块。其中，用户查询一级模块核心是 3 个二级模块，它的按科查询和按属查询二级模块能够实现野生园林植物资源基本信息的查询，而模糊查询模块是按照野生观赏植物资源的保护与园林应用要求设计的，其下又设置了 7 项三级查询模块（见图 4 - 1），分别能够按照分布、观赏类型等进行进一步分类查询。

二　系统逻辑结构设计

西藏园林植物资源数据库检索系统是以 MS Access 数据库为基础，采

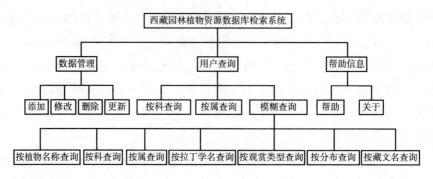

图 4－1　系统结构框架

用 Visual Basic 语言开发，由 Setup Factory 封装，并能在 Windows 98 以上操作系统中通过可视化界面独立安装、运行的数据库系统。为保证所有用户操作均能通过数据库系统实现，系统逻辑设计采用了三层结构技术框架，自下而上，可分为数据层、数据库系统层和表现层。其中，数据层主要用来存放基本数据，包括西藏野生园林植物的中文名、拉丁学名、藏文名等 17 项信息；表现层是提供给用户的界面层，其中，普通用户能够通过表现层进行查询操作，但不能直接操作系统的数据层，因此数据层的安全能够得到保障；管理用户则还能够通过"数据管理"一级模块进入数据层进行添加、修改、删除、更新等维护操作，保证了野生园林植物资源数据库的更新需要，降低了系统的维护成本。该系统的逻辑结构如图 4－2 所示。

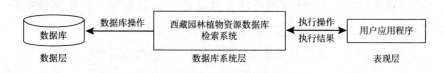

图 4－2　系统逻辑结构

三　系统数据库设计

为了尽可能收录资源调查信息，系统采用 Excel、Access 结合的方式进行西藏园林植物资源数据库检索系统的数据库设计。具体设计步骤是：首先在 Excel 中建立一个基本信息表（Basic），信息表标题行由中文名

（植物名称）、拉丁学名、科名、属名、俗称、藏文名、藏文名读音、形态特征、地理分布、生境、园林文化、园林用途（观赏类型）、考察时间、标本采集点、样方编号、参考文献以及活体照片等 17 项信息构成。然后，在 Access 中通过获取外部数据的方式导入基本信息表，然后进行各字段数据类型、字段大小的修改。以上步骤完成后，就产生了西藏园林植物资源数据库检索系统的数据库结构。字段属性设置见表 4 – 1。

表 4 – 1　字段属性设置

字段名称	数据类型	字段大小
植物名称	字符型	100
拉丁学名	字符型	100
科	字符型	50
属	字符型	50
俗称	字符型	100
藏文名	字符型	100
藏文名读音	字符型	100
形态特征	字符型	500
地理分布	字符型	200
生境	字符型	100
当地园林文化	字符型	200
园林用途	字符型	200
考察时间	日期/时间	8
标本采集点	字符型	200
样方编号	字符型	50
参考文献	字符型	50
活体照片	OLE 对象	

第二节　系统的实现

根据系统的整体设计要求，西藏园林植物资源数据库检索系统主要包括数据管理和用户查询两部分。系统数据存储在 Access 数据库中，用户通过 Visual Basic 编写的应用程序对 Access 数据库进行查询、管理和维护。数据库系统采用 Excel、Access、Visual Basic 的 ADO（ActiveX data object，ActiveX 数据对象）和 SQL（Structural query language，结构化查询语言）程序代码实现（Barker F. S.，1997；东箭工作室，1997；钱培德，1998）。采用程序代码设计数据库系统具有更大的灵活性，即使用户脱离了 Access 和 Visual Basic 环境，仍然可以维护数据库，有利于数据库的进一步扩展。系统运行结构如图 4 - 3 所示。

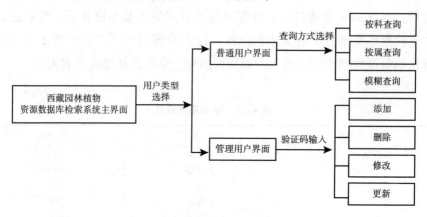

图 4 - 3　系统运行结构

一　数据管理模块功能的实现

数据管理模块的功能包括在数据库中添加新记录、删除记录、修改记录和更新记录等操作。管理用户必须通过身份验证才能操作。访问和管理数据库时，通过 Visual Basic 中的 Textbox、Label、CommandButton 和 Image 等控件将数据库中野生园林植物资源的植物名称、科名、属名、拉丁学名、形态特征、园林文化、园林用途等特性进行联结。

此外，管理用户也可在身份验证后，直接借助于 Excel 对基本信息表进行批量添加、删除、修改等维护，然后在 Access 中通过"获取外部数据"的方式导入数据库。

二　用户查询模块功能的实现

用户查询模块中包含了全部野生园林植物资源的 17 项信息，是普通用户使用西藏园林植物资源数据库检索系统的端口。用户查询模块设置了按科查询、按属查询、模糊查询 3 个二级模块，其中，按科查询和按属查询 2 个二级模块中，用户进入对应界面后，只需通过鼠标点击相应植物名称就可以完成查询操作；而模糊查询模块属于高级查询选项，设计的查询内容更加具体，通过下拉式菜单选择按植物名称（按种查询）、按科、按属、按拉丁学名、按观赏类型、按分布、按藏文名等具体的查询条件后，在空白文本框中输入查询的内容，回车后立即执行查询程序。7个查询条件中，按观赏类型、按分布查询是为了满足野生园林植物园林应用需要而设置，按藏文名查询则是为了满足广大藏族科研工作者和藏族群众使用该系统。

（一）按科（属）查询

按科查询和按属查询界面采用相同的程序代码实现，查询界面均由DataList、DataGrid、TextBox、Label、CommandButton、Image等控件组成。查询时，在滚动栏中选择相应的科（属），然后在DataList中点击相应的植物名称就能够进行查询。两者的主要区别在于：按科查询重点在于野生园林植物的识别，而按属查询的重点在于显示具体种的园林用途、园林文化、标本采集点以及生境等涉及种质资源保护与利用的相关信息。查询流程见图4-4。例如：查询百合科Liliaceae百合属卷丹的资源信息时，首先运行程序进入主界面，再点击用户查询按钮进入用户查询界面，在用户查询界面中点击按科查询标签或图标进入按科查询界面（见图4-5），界面的左侧显示系统中收录的所有科的名录，滑动滚动条点选"百合科"，界面右上方网格窗体中立即出现百合科所有的野生园林植物信息；点击其中的"卷丹"，则在照片区中出现卷丹的活体照片，以及俗名、拉丁学名、藏文名、形态特征、园林用途、生境、采集地点、分布区域等信息。而在按属查询界面中（见图4-6），选择"百合属"，再从右上方网格窗体中显示的百合属园林植物中选择"卷丹"，则查询结果显示包括活体照片、植物名称、园林用途、园林文化、标本采集点、采集地生境、考察时间、样方编号、形态特征，以及相关记录和主要分布地点等信息。

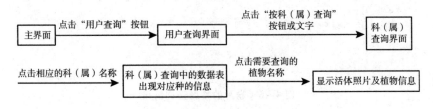

图4-4 按科（属）查询流程

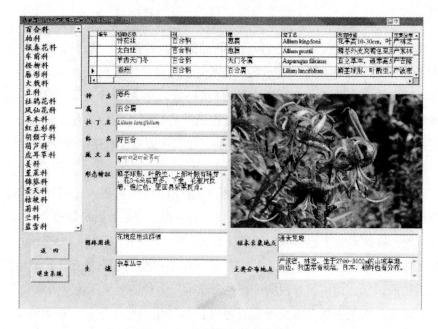

图 4 – 5　卷丹的按科查询结果

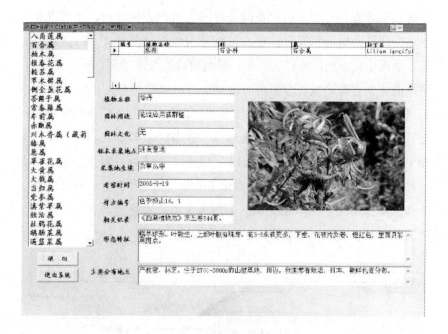

图 4 – 6　卷丹的按属查询结果

（二）模糊查询

模糊查询界面与按科查询、按属查询界面的主要不同点是增加了 ComboBox 控件，可以通过下拉菜单选择不同的查询方式，并通过包含选择方式实现 7 个三级模块的模糊查询功能，为在野生园林植物信息不明确的条件下进行信息查询提供了便捷。查询流程见图 4-7。例如，查询观花类的野生园林植物资源时，只需要在用户查询界面中选择"模糊查询"，再在"模糊查询"界面中的选择查询方式下拉菜单中选择"按观赏类型"，在"等于（包含）"对话框中输入"观花"，回车后数据表中立即显示出 28 种观花类的野生园林植物。逐一点选相应的植物名称就能够查询所有观花类野生园林植物的活体照片和植物信息。查询结果见图 4-8 和图 4-9。

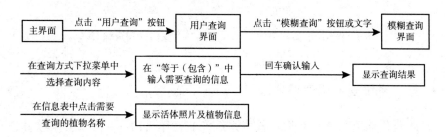

图 4-7　模糊查询流程

图 4-8　观花类园林植物的模糊查询结果

图 4 – 9 植物名称中含"龙"字园林植物的模糊查询结果

三　系统安装程序的实现

西藏园林植物资源数据库检索系统安装程序借助 Setup Factory 软件进行制作。由于该系统需要脱离 Access 和 Visual Basic 环境下进行数据库的使用与维护，同时为保证藏文名正确显示，必须捆绑藏文字体文件，因此，安装程序制作中添加了 Visual Basic 的相关关联文件和 Bzdbt 藏文字体文件。制作过程中考虑到彻底卸载的需要，将 Visual Basic 中的相关关联文件和 Bzdbt 藏文字体文件全部安装在系统目录中，程序卸载后无系统残留。

第三节　结果与讨论

西藏园林植物资源数据库检索系统采用友好的可视化图形界面进行了设计和开发，能够在 Windows 98 以上操作系统中运行。它操作简便灵活，便于使用，是一个便于系统管理西藏野生园林植物种质资源信息的管理、应用平台。它将最大限度地满足同行专家对西藏野生园林植物资源信息检索的需要，而单机版的形式保证了种质资源信息的安全性，又能够在一定范围内得到共享。该系统自 2010 年开发以来，已经总计收录 28 科 64 属 208 种野生园林植物资源信息，并已经成功应用于西藏园林教育行业中。同时，为便于统计收录的种质资源数量，在系统构建过程中，采用了数据信息动态统计代码，使数据库检索系统登录界面能够直接显示已经收录的种质资源量。此外，本系统允许数据复制，检索完成后，选定所需数据，按"Ctrl + C"键实现拷贝，并可以粘贴到 Word、Excel 和 Access 等软件中，因此，查询结果可以被自由扩展使用。

西藏园林植物资源数据库检索系统已经构建了一个基于 Windows 系统、相对独立的、具有高效检索和查询功能，且安全、稳定的单机版共享平台，为进一步扩展成为西藏经济植物资源数据库或西藏植物物种资源数据库创造了条件。

第五章　西藏常见园林植物
生态效益定量研究

第一节　西藏常见园林植物滞尘能力

城市园林绿地在改善城市大气质量方面发挥了巨大的作用，它的一个重要生态功能就是滞尘减污效应。园林植物，特别是园林树木对粉尘有明显的阻挡、过滤和吸附作用，因而在城市环境日益恶化的情况下，城市园林绿地的生态服务功能越来越受到人们的重视。

大气中除有毒气体污染外，灰尘、粉尘等也是主要的污染物质。园林植物之所以能降低大气粉尘污染，一方面由于枝冠茂密，具有减低风速的重要作用，随着风速减慢，空气中一部分大颗粒沉降下来；另一方面是由于叶表面吸附的结果。植物叶片由于其表面特性和本身的湿润性使得植物具有很大的滞尘能力，从而能够将尘埃状的粉尘等污染物质吸附、滞留。粉尘被枝叶表面保留一段时间后，经雨水冲刷落地，枝叶表面又恢复滞尘能力，这对城市大气的净化发挥了巨大作用。据统计，1 亩园林植物每年可以吸滞的尘埃达 20 ~ 60t，据此推测：如果城市绿化覆盖率达到 50%，则大部分悬浮颗粒都可以得到净化（刘梦飞，1989；冯采芹，1992；张新献等，1997；段舜山等，1999）。

本研究立足于西藏林芝八一镇西藏农牧学院，进行部分园林植物的滞尘能力研究，旨在通过本研究与相关研究成果进行比较，为西藏园林植物的滞尘研究奠定一定的基础。

一　主要实验材料

选择了 5 种乔木进行滞尘能力研究，分别是玉兰、女贞、白柳、北京杨、日本晚樱。5 种植物的形态特征如下：

1. 玉兰

落叶乔木，高达 25m。树冠卵形，大型叶为倒卵形，先端短而突尖，基部楔形，表面有光泽，嫩枝及芽外被短柔毛。冬芽具大型鳞片。花先叶开放，顶生，直立；花大，芳香，直径 10～16cm；花被片 9，白色，基部常带粉红色，长圆状倒卵形。聚合果圆柱形；蓇葖果木质化，褐色，具白色皮孔，成熟后开裂；种子心形，外种皮红色，内种皮黑色。在西藏 3～4 月初开花，也常于 9～10 月再次开花。

2. 女贞

常绿小乔木，高可达 25m。树皮灰褐色，枝条开展，疏生圆形或长圆形皮孔。单叶对生；叶革质而脆，卵形、长卵形、椭圆形至宽椭圆形，长 6～17cm，宽 3～8cm，全缘，有光泽，两面无毛，中脉在上面凹入，下面凸起，侧脉 4～9 对。圆锥花序顶生，长 8～20cm，宽 8～25cm；花无梗或近无梗，白色，花冠裂片反折。浆果状核果肾形或近肾形，长约 1cm，深蓝色，成熟时红黑色，被白粉。在西藏 6～7 月开花，10～11 月果熟。

3. 白柳

落叶乔木，高达 20（25）m，胸径达 1m。老树皮暗灰色，深纵裂，小枝灰绿色，冬季红褐色。叶披针形、倒披针形或倒卵状披针形，长 5～12（15）cm，宽 1～3（3.5）cm；先端渐尖，基部楔形，幼叶两面被银白色绢毛，后脱落；叶柄长约 1cm，有银白色绢毛，托叶披针形，边缘有腺点。花序有梗，与叶同时开放，轴上密被白色茸毛；柔荑花序，雄花序长 3～5cm，雄蕊 2，离生，花药鲜黄色；苞片卵状披针形或倒卵状长圆形，淡黄色，有缘毛；腺体 2，背生和腹生；雌花序长 3～4.5cm，子房卵状圆锥形，有短柄或近无柄，花柱短，常 2 浅裂，柱头 2 裂；苞片全缘，早落；腺体 1，腹生，稀有 1 不发达的背腺。果序长 3～5.5cm。花期 3～5 月，果期 6～7 月。

4. 北京杨

落叶乔木，高 25m。树干通直，树皮灰绿色，渐变为绿灰色，光滑；皮孔圆形或长椭圆形，密集，树冠卵形或广卵形，侧枝斜上，嫩枝带绿色或呈红色，无棱；芽细圆锥形，先端外曲，淡褐色或暗红色，具黏质。长枝或萌枝叶，广卵圆形或三角状广卵圆形，基部心形或圆形，先端短渐尖或渐尖，边缘具波状皱曲的粗圆锯齿，有半透明边，具疏缘毛，后光滑；苗期枝端初放叶时，叶腋内含有白色乳质；短枝叶卵形，长 7 ~ 9cm，基部圆形或广楔形至楔形，先端渐尖或长渐尖，边缘有平整的腺锯齿，具狭的半透明边，表面绿色，背面青白色；叶柄侧扁，长 2 ~ 4.5cm。雄花序长 2.5 ~ 3cm，苞片淡褐色，长 4mm，具不整齐的丝状条裂，裂片长于不裂部分，雄蕊 18 ~ 21。在西藏 4 月开花，5 ~ 6 月果成熟。

5. 日本晚樱

落叶乔木，高约 3m。树皮淡银灰色。叶片椭圆状卵形、长椭圆形至倒卵形，长 5 ~ 12cm，宽 3 ~ 6cm，边缘有尖锐的单或重锯齿，多少刺芒状，表面无毛，背面沿叶脉有短柔毛。花单瓣或重瓣，3 ~ 6 朵成伞房状总状花序，下垂，花序梗短；初放时淡红色，后白色，芳香，直径 2 ~ 3cm；花柄长约 2cm，有短柔毛；萼筒管状，带紫红色，外有短柔毛，萼片边缘有细齿；花瓣顶端内凹；花柱近基部有柔毛。核果近球形，熟时由红色变紫褐色，直径约 1cm。在西藏花期 3 月底至 4 月初。

二　研究方法

植物的滞尘能力是指一定时期植物单位叶面积上的灰尘滞留量。本实验采用叶面滞尘量"干洗法"进行测定，测定方法如下：

根据林芝地区的降水频度，在大雨后 3d 采样（5 月 24 日），将雨后 3d 所采集的叶片的滞尘量作为该植物 3d 的滞尘量。采样时在植物的 4 个方位，分别分上、中、下均匀剪叶，采集的叶片直接放入塑料袋中，阔叶树种叶片较大的采集 20 片（日本晚樱、玉兰、北京杨），较小的取 30 片（白柳、女贞），然后将样品封存于自封袋中。采集叶片时尽量避免叶片的灰尘脱落。叶片用适量蒸馏水浸泡 2h，浸洗叶片上的附着物后，用镊子将叶片小心夹出，并用蒸馏水清洗 3 次。浸洗液用已烘干称重（W_1）的滤纸过滤，滤后将滤纸置于 60℃ 温箱下烘 12h，再次称重（W_2），两次重量之差（$W_2 - W_1$）即为采集样品上所附着的降尘颗粒物重量。夹出的叶片晾干后用扫描法测量其叶面积 A，（$W_2 - W_1$）$/A$ 为其滞尘能力（g/m^2）。

三 实验分析

(一) 常见园林植物 3d 的滞尘量

植物滞尘是借助 3 种方式同时进行的。一是滞留或停着，降尘随即落在叶表面，这种滞留或停着很容易再次被风刮起，产生第二次扬尘。二是附着，因叶表面的构造如钩状结构，能够吸附一定量降尘，这种方式滞尘比较稳定，不易被风刮起。三是黏附，靠植物叶表面特殊的分泌物黏住降尘。叶片是吸附粉尘的主要部位，单位叶面积滞尘量可以在一定程度上反映植物的滞尘能力。

由表 5-1 看出，5 种园林植物滞尘量的顺序为女贞（0.716g/m²）＞白柳（0.363g/m²）＞日本晚樱（0.279g/m²）＞北京杨（0.192g/m²）＞玉兰（0.048g/m²）。可见，不同物种滞尘差异较大，最大较差可相差 15倍。

表 5-1　西藏常见园林植物 3d 滞尘量

序号	植物名称	采集叶片数	叶片总面积（cm²）	总滞尘量（g）	单位叶面积滞尘量（g/m²）
1	玉　兰	20	1869.52	0.009	0.048
2	北京杨	20	1247.4	0.024	0.192
3	日本晚樱	20	1039.5	0.029	0.279
4	白　柳	30	935.55	0.034	0.363
5	女　贞	30	516.59	0.037	0.716

在这 5 种园林植物中，常绿植物女贞的滞尘能力明显大于落叶植物，这主要与树冠及叶的特性有很大关系。女贞多数叶片是越冬保留下来的老叶，且枝叶密度大，叶片表面具有经年滞留的尘埃，增加了滞尘量，而落叶类园林植物为当年新生长的叶片，滞留尘埃较少，因此，出现了极其明显的差异。

在北京杨、玉兰、日本晚樱、白柳 4 种落叶树种中，玉兰的滞尘能力最弱，而白柳的滞尘能力最强，为前者的 7 倍以上。这 4 种落叶树种中，玉兰的树冠郁闭度最小，而白柳的树冠郁闭度最大，可见，滞尘能力的大小和园林植物的树冠郁闭度呈一定的正向相关性。

（二）常见园林植物 7d 的滞尘量

在雨后 3d 测定滞尘能力的基础上，为与国内现有研究成果进行对比，进行了测定时间的调整，调整为雨后 7d 测定滞尘量，测定结果见表 5-2。

表 5-2　常见园林植物 7d 滞尘量

树　种	单位叶面积滞尘量（g/m²）	树　种	单位叶面积滞尘量（g/m²）	树　种	单位叶面积滞尘量（g/m²）
高山松	8.76	红叶石楠	5.86	白丁香	0.69
油　松	8.20	小叶女贞	5.13	北京杨	0.67
北美短叶松	8.13	金边卵叶女贞	4.17	鸡爪槭	0.52
林芝云杉	9.06	日本晚樱	1.75	紫叶小檗	0.57
圆　柏	8.24	五角枫	1.45	玉　兰	0.56
侧　柏	9.35	榆树	1.31	悬铃木	3.73
雪　松	8.06	白　柳	2.14	紫　薇	2.42
荷花玉兰	7.10	地　锦	0.96	蜡　梅	2.42
女　贞	6.63	榆叶梅	0.82	桂　花	2.02
樟	5.67	垂　柳	0.77	裂叶蒙桑	5.39
大叶黄杨	6.61	龙爪榆	0.81	核　桃	0.65

对照现有的研究成果发现：测定值存在差异，但不同植物的滞尘量差异确实存在，依次为：针叶树 > 常绿阔叶树 > 落叶阔叶树；针叶树中，侧柏 > 林芝云杉 > 高山松 > 圆柏 > 油松 > 北美短叶松 > 雪松，常绿阔叶树种，荷花玉兰 > 女贞 > 大叶黄杨 > 红叶石楠 > 樟 > 小叶女贞 > 金边卵叶女贞；落叶乔木中，裂叶蒙桑 > 悬铃木 > 白柳 > 日本晚樱 > 北京杨 > 核桃 > 玉兰。尤其值得一提的是，植物为适应高原气候，引种植物普遍存在叶片增厚、叶片表面附着物增多的现象，进一步提升了园林植物的滞尘能力。

可见，西藏常见应用的侧柏、云杉、高山松、女贞、裂叶蒙桑、悬铃木、北京杨均是滞尘能力较强的树种。

（三）植物个体滞尘能力差异分析

引起植物个体滞尘能力差异的原因有三个方面：不同个体叶表面特性的差异，表面粗糙，叶面多皱，叶面多茸毛或多油脂，这些特征都有利于阻挡、吸附和黏滞大气颗粒物，因此叶面粗糙、有茸毛或有分泌物的植物就有较强吸附粉尘的能力，而叶片光滑无茸毛（如玉兰、北京杨）滞尘能力相对较弱。与树冠结构、枝叶密度、叶面倾角也有一定关系，如白柳紧凑的树冠结构和密集的叶片便有利于滞留粉尘，而玉兰枝叶稀疏，没有类似白柳的树体结构，从而影响了冠内叶片的滞尘，使叶片滞尘能力下降。

同时，叶片滞尘能力测定的间隔时间目前没有统一规定，例如，禹海群（2007）在进行深圳市常见园林植物生态效益指标评价研究中，滞尘能力测定的间隔时间为17d，而柴一新等（2002）测定哈尔滨市园林植物、周晓炜等（2008）测定山西农业大学校园园林植物滞尘能力的间隔时间为7d，不同的时间间隔对滞尘能力的效果也有一定的影响。此外，气象因素的影响，主要是降水和大风天气的影响，尤其是降水，一般认为15mm的降水量就可以冲刷掉叶片的降尘。

四　结果与讨论

（一）园林树木滞尘量研究方法的拓展

根据测定树木的滞尘量，可以看出不同植物滞尘能力差异很大，而植物滞尘量主要与其叶表面形状、结构和树冠结构、绿量的大小有关。因此，对植物叶片进行电镜扫描，也是分析影响植物叶片滞尘机理的重要手段。

（二）叶片滞尘量的时间性变化

叶片的滞尘量可能和叶片的发育阶段以及生长阶段有一定的关系。也就是说，生长时间长的叶片在自然界暴露时间长，滞尘量可能大于生长时间短的叶片。近代研究已经表明，并非所有的滞尘都能通过降水被洗出叶表。王蕾等（2007）对北京市部分针叶树种叶面颗粒物附着密度进行了观测：侧柏和圆柏叶表面密集的脊状突起间的沟槽可深藏许多颗粒物，且颗粒物固着牢固，不易被中等强度（15mm）的降水冲掉。王赞红等（2006）对大叶黄杨叶片上表皮的滞尘颗粒物进行电镜扫描，图像显示：叶片滞尘颗粒物形态特征受清洗作用影响较大，简单清洗并不能去除大多数叶片滞尘颗粒物，滞尘颗粒物可以滞留在大叶黄杨叶片上；深度清洗仍不能彻底清除叶片表面颗粒物，更细小的粒子被固定在叶片表面。这些研究结果更加佐证了本次实验中女贞滞尘能力显著高于其他落叶类园林植物的原因。也表明，在滞尘能力测定中，需要尽量选择同一发育阶段、相似生长阶段的叶片进行比较，这样更有说服力。

（三）植物滞尘能力和生长环境之间的关系

大量的现有研究表明，根据叶片滞尘量的多少来确定植物滞尘能力的测定方法是在植物生长环境相似的前提下提出的。同种植物生长环境中粉尘量的多少、风速、降水等严重干扰着叶片滞尘量的测定值，这也是本实验中测定值普遍低于国内外已有相关研究值的主要原因。因此，在采用此种方法进行滞尘能力测定时，最好采用人工环境条件进行测量。

（四）单叶滞尘能力和植物整体滞尘能力的关系

园林植物主要通过叶片达到滞尘的作用，但园林植物个体或群落在滞尘过程中，主要通过阻碍粉尘的移动来达到减尘、滞尘的目的。因此，单叶滞尘能力只是园林植物整体滞尘能力的一部分，并不能完全反映其植株或者群落整体的滞尘能力，需要寻求两者的相关性或者寻求适宜的植物群落滞尘能力测定方法来测定植物整体的滞尘能力。

第二节　西藏常见园林植物减噪效果

随着城市化进程的加快及工业化的迅猛发展，噪声污染已成为城市的主要污染之一。交通噪声和建筑噪声是城市最主要的噪声污染来源，轻则干扰人们的工作和休息，重则使人体健康受到损害，并影响周边土地价值和经济发展（王清华等，2008）。交通噪声主要有，汽车的喇叭声以及刺耳的刹车声、飞机发动时引擎的轰鸣声以及火车行走在轨道上所发出的摩擦声、汽笛声等；建筑噪声主要指建筑工地的设备在施工中产生的噪声。如：混凝土搅拌机在搅拌混凝土时的噪声，振动棒在振捣混凝土时的噪声。常见降低噪声污染的方法有：（1）利用技术改良，将产生噪声的声源音量减低到最小。（2）将噪声的声源隔离或掩盖，并利用法令规章，彻底执行以限制噪声污染，而噪声声源隔离或掩盖的主要途径是植物减噪（张春林等，2007）。

植物不仅可用于绿化美化环境，还能减尘滞尘、降温增湿、固土保水、吸收有害气体以及有效降低噪声污染。近年来，关于城市绿化带、草坪和绿篱等对声传播的衰减效应已有许多研究，但很少涉及对园林植物居群减噪效果的系统研究。

植物的减噪作用主要是利用了植物对声波的反射和吸收作用，单株或稀疏的植物对声波的反射和吸收很小，当植物形成郁闭的群落时，则可有效地反射声波，犹如一道隔声障板。园林绿地的居群不同，群落结构不同，减噪效应也不同。因此，有必要对园林植物居群的声衰减特性和减噪效果进行研究。

本研究通过对园林植物居群的声衰减效应的测定和分析，探讨不同园林植物居群的减噪效果，为城市绿化提供依据。

一 主要实验材料

实验地选择在西藏农牧学院园艺场内园林植物繁育区，主要包括：光核桃（密林）、美国黑核桃 *Juglans nigra*（疏林，萌芽期）、圆柏（疏林），对照为园内空地，实验材料简介如下。

1. 光核桃

落叶小乔木，高 3～10m。叶片披针形或卵状披针形。花单生或 2 朵并生，直径 2～2.5cm，粉红色至白色。核果近球形，直径 3～4cm；核卵状椭圆形，扁而平滑。花期 3～4 月，果期 7～8 月。光核桃适应性强，耐干旱，喜光，在生境优越的地方生长迅速。中国特有植物。多生于海拔 2600～4000m 的针阔混交林中或山坡林缘（徐凤翔等，1999）。

实验区光核桃高 2～3m，冠幅 2～2.5m，行列式种植，株行距 1m×2m，为密林结构。

2. 美国黑核桃

落叶乔木，树高可达 45m 以上，树干直径可达 1.8m。树冠呈直立卵圆形，复叶互生，长 20～60cm，有小叶 15～23 片。一年生枝条长 20～150cm，呈灰褐色或浅黄褐色，新梢生长旺盛，有灰白色茸毛，皮孔浅褐色，稀疏而明显；节间平均 5.5cm。小叶狭长，下部圆钝，宽 3.5～4cm，有褐色茸毛，总叶柄上有一条褐色线贯穿。主枝开展角度一般为 80°～

90°，枝条粗壮，三年生以上枝条表面纵裂。雌花序顶生，小花 2 ~ 5 朵，簇生；雄花序长 5 ~ 12cm，着生在侧芽处。果实当年成熟，卵圆形或梨形。坚果外壳骨质多皱，难开裂。

实验区美国黑核桃为 1999 年引种，高 3 ~ 4m，冠幅 3 ~ 4m，行列式种植，已经形成疏林，实验期间为萌动期。

3. 圆柏

常绿乔木，高达 20m，胸径 3.5m。树冠尖塔形或圆锥形，老树广卵形。叶 2 型，常在幼树或基部徒长的萌蘖枝上生长刺叶，3 叶交互轮生，上面微凹，有两条白粉带；老树多为鳞叶，背面近中部有椭圆形微凹的腺体，3 叶轮生，紧密贴于小枝上。雌雄异株，稀同株，雄球花秋季形成，次年开放，花黄色；雌球花形小。球果近圆球形，次年成熟，浆果状不开裂，外被白粉，有 1 ~ 4 粒种子。

实验区圆柏高 3 ~ 4.5m，冠幅 2 ~ 2.5m。行列式规则种植，株行距 4m×4m。

二 研究方法

采用 HS336 型噪声测量仪测定，声源为 84dB 自制声源，声源高度 1m，分别在声源 5m、10m、15m 处测定瞬间声级，测量 3 次取平均值。另在实验区内选择空旷地测声级作为对照。

在 2010 年 5 月 31 日进行测定。测定位置位于植物居群的内部，风速 <5m/s。测量时传声器增加风罩，用 3 套 HS336 型噪声测量仪同时进行测定，每次测定重复 3 次。对在测量过程中受到车辆或鸟类等干扰产生的数据均予舍弃。

三 实验分析

（一）不同类型植物的减噪效果

从表 5 - 3 中可以看出，处于萌芽期的美国黑核桃林的减噪值接近对照，而已经形成叶幕的光核桃林与圆柏组成的常绿针叶林的减噪值接近，减噪效果明显优于萌芽期的美国黑核桃林。可见，不同类型植物的居群减噪效果不同。而且，在栽培株行距相似的条件下，减噪效果与植物叶幕的大小以及叶片的密度呈正相关。

表 5-3　不同类型植物的减噪值

单位：dB

序号	林带类型	居群组成	声级/衰减值			
			0m	5m	10m	15m
1	落叶阔叶密林	光核桃	84	63.6/20.4	61.7/22.3	60.2/23.8
2	落叶阔叶疏林	美国黑核桃	84	63.8/20.2	62.8/21.2	61.6/22.4
3	常绿针叶疏林	圆柏	84	62.3/21.7	62.2/21.8	59.5/24.5
4	对照	空旷地	84	65.4/18.6	64.1/19.9	61.1/22.9

声音的传播中存在自然衰减，但自然衰减值的大小与环境中存在的声音传导介质的传导率相关。从表 5-3、图 5-1 中可以看出，各种条件下，声音的自然衰减值随距离的增加而增加，但在不同植物的居群中，衰减值的变化存在差异。声音衰减值从大到小依次为：圆柏 > 光核桃 > 美国黑核桃。

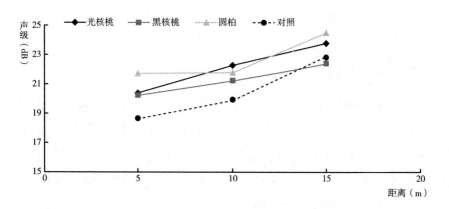

图 5-1　不同类型植物的减噪效果

（二）不同园林植物的噪声净衰减值比较

净衰减值是指在距离噪声源一定距离上，由遮挡物直接导致的噪声衰减值，其值等于该点噪声分贝减去自然距离衰减的分贝值。

测量结果表明，不同类型植物的居群净衰减值不同。对于萌芽期的落叶阔叶林、常绿针叶林来说，在距离声源越近的地方，净衰减值越大。而对于已经形成叶幕的落叶阔叶林来说，也存在相似的规律性。

此外，从表5-4中也可以看出，在距声源5m、10m和15m的不同距离上，不同类型植物的居群对噪声净衰减值比同距离的空旷地分别高2.17dB、1.87dB和1.15dB（已剔除无效数据），可见不同类型植物的居群比空旷地具有更加明显的减弱噪声的效果，但这种减噪效果随声源距离的增加而逐渐减弱。

表5-4　不同类型植物的噪声净衰减值

单位：dB

序号	林带类型	居群组成	净衰减值		
			5m	10m	15m
1	落叶阔叶密林	光核桃	1.8	2.4	0.7
2	落叶阔叶疏林	美国黑核桃	1.6	1.3	- 0.5 *
3	常绿针叶疏林	圆　柏	3.1	1.9	1.6
	平　均		2.17	1.87	1.15

*：- 0.5dB 为无效数据。

四　结果与讨论

（1）不同类型植物的居群对噪声都具有一定的减弱效果，且不同类型植物的居群减噪效果有较大差别。在初夏时节，测试的三种类型植物的居群中，减噪效果依次为：圆柏＞光核桃＞美国黑核桃，即常绿针叶疏林＞落叶阔叶密林＞落叶阔叶疏林。根据西藏常见园林植物的噪声净衰减值，可以归类如表5-5所示。

表5-5　西藏常见园林植物减噪能力

级别	主要园林树种名称	备　注
强	急尖长苞冷杉、林芝云杉、油麦吊云杉、川西云杉、青海云杉、高山松、云南松、乔松、华山松、雪松、北非雪松、北美短叶松、油松、巨柏、藏柏、大果圆柏、圆柏、干香柏、绿干柏、侧柏、洒金千头柏、日本扁柏、荷花玉兰、川滇高山栎、毛鹃、红叶石楠、大叶黄杨、女贞、小蜡、樟、金边卵叶女贞、桂花、西藏箭竹、紫竹等	常绿针叶、阔叶树种

续表

级别	主要园林树种名称	备　注
中	水杉、山杨、藏川杨、核桃、裂叶蒙桑、高丛珍珠梅、西藏红杉、玉兰、矮紫叶小檗、悬铃木、北京杨、银白杨、白柳、84K杨、黄刺玫、日本晚樱、紫叶李、榆叶梅、白梨、皱皮木瓜、苹果、火棘、槐、龙爪槐、刺槐、香椿、白丁香、锦带花、狭叶梣等	落叶密冠树种
弱	山荆子、光核桃、银杏、金丝柳、杏梅、桃、紫叶桃、碧桃、鸡爪槭、梅等	落叶疏冠树种

（2）噪声随距离的增加而衰减，在各种类型植物的居群内对噪声的衰减效果更强，但这种减噪效果随声源距离的增加而逐渐减弱。因此，在利用园林植物进行减噪防护时，距离噪声源近处比噪声源远处的植物配置要求高。

（3）绿化带降低噪声主要靠枝叶、树干及地面或草皮等对声波的吸收、反射及衍射作用。利用绿化带降低噪声，其效果取决于地区地表状况、树种及不同树种的配置（群落结构）、种植宽度、树冠高度及种植密度等。因此，在确定园林植物生活型的同时，可以采用"乔—灌—草"结合的群落结构增强减噪效果。

（4）减噪防护植物常以绿化林带形式出现在现实生活中，当声波遇到绿化林带时，有可能被吸收、反射，也有可能绕过障碍物继续传播，即发生衍射而继续传播。因此，林带的密度、宽度、高度等是林带减噪的主要因子。可见，在一定程度上，可以通过减噪效果研究结果，确定在一定噪声分贝范围内林带适宜的密度、宽度、高度等指标，指导园林工程建设。

第三节　西藏常见园林植物固碳释氧能力

绿色植物是陆地生态系统最主要的生产者，以光合作用为主的同化作用在植物的生长发育过程中扮演着极为重要的角色。光合作用是植物营养生长阶段的重要生理作用，它为植物进行生殖生长提供了原始的营养，更是植物生态效应的主要产生源泉。自然条件下，植物光合作用能够吸收 CO_2 并释放 O_2，在完成植物自身的生长发育需要的同时，维持着生态环境中的空气中的氧分压平衡。

西藏开展植物光合特性研究已有相关报道，如：王建林等（1997）采用 QGD - 07 型红外线 CO_2 气体分析仪对光核桃进行了光合速率测定，研究认为：光核桃的光合速率高于栽培桃（冬桃、岗山白）；郭其强等（2010）采用 Licor - 6400 研究了三年生盆栽光核桃幼苗光合特性和保护酶对干旱胁迫的响应，研究认为：随着干旱胁迫的加剧，光核桃幼苗的净光合速率逐渐下降，且土壤含水量为 10.1% ~ 12.7% 时，光核桃幼苗表现为受干旱胁迫显著；兰小中等（2005）采用 Licor - 6400 测定了巨柏的光合作用，研究表明：自然环境条件下的巨柏光合日进程表现为单峰形曲线，其光合作用不存在"午休现象"，在 9:00 时，巨柏获得一天中最大的表观量子效率，水分利用效率达到最大值，在 12:00 时，巨柏的气孔限制值和水分饱和亏缺分别达到最大值，水分利用效率较高，其蒸腾速率在 13:00 时最大，这个时间并不与光合速率最大值同步，这说明在西藏特殊的气候环境条件下，影响光合速率的因素很多。在光合速率的日进程中，高光合速率值 $[>4.00\mu mol/ (m^2 \cdot s)]$ 持续时间在 5h 左右，这使得巨柏的光合作用产物得以有效积累，可见目前对西藏植物光合作用研究主要集中在果树、林木等的研究上，对园林植物的研究比较少，对已经在西藏归化的白柳等园林植物的固碳释氧能力的研究尚无相关报道。基于此，在西藏自然环境下，对以白柳为代表的西藏常见园林植物的光合有效辐射、CO_2 浓度以及对水分的利用效率的日变化等进行了研究，以便为西藏乡土植物的生态效应评价提供科学的理论依据。

一　研究材料

本研究采用的园林植物为白柳。白柳俗称"文成柳"，为西藏最早引入的园林植物之一，目前已经成功归化为乡土树种。在西藏，白柳的栽培范围广泛，最高海拔达 4500m，主要用于道路绿化、沟渠护坡、农田防护林，是西藏园林建设中最常见的树种之一。在近 1000 年的栽培中，白柳已经适应了西藏的生态环境条件。

二　研究方法

鉴于白柳生长的特殊生态环境，选择 1 株株龄达 30 余年的白柳作为

观测对象，选择树冠中上部南向的成熟叶片作为测试叶片。采用 2cm ×
3cm 不透明标准叶室进行活体光合作用测定。由于白柳叶片相对较大
［长 5 ~ 12（15）cm，宽 1 ~ 3（3.5）cm］，在测定时，叶片能占满整个
叶室，所以，测定叶面积设定为 6cm²，其余参数均为环境客观值。

测定仪器为美国 Licor - 6400 便携式光合作用测定系统。Licor - 6400
为一种开放式系统，测定原理见公式 1 - 14、公式 1 - 15 和公式 1 - 16，
它能准确快速测定叶片净光合速率（Photo）［CO_2，μmol/（m²·s）]、蒸
腾速率（Trmmol）［H_2O，mmol/（m²·s）]、有效辐射（PAR_i）［μmol/
（m²·s）]、空气温度（T_{air}）（℃）、空气相对湿度（RH - R）（%）、大
气压（Press）（kPa）、空气 CO_2 浓度（CO_2R）（C_a，μmol/mol）、叶片温
度（T_{leaf}）（℃）、叶片气孔导度（Cond）［H_2O，mol/（m²·s）]、胞间
CO_2 浓度（C_i）（μmol/mol）（LI - COR，1995）。

光补偿点（LCP△）是指植物在一定的光照下，光合作用吸收 CO_2 与
呼吸作用释放的 CO_2 达到平衡状态时的光照强度，即净光合速率 Photo =
0 时的 PAR_i 值。植物在光补偿点时，有机物的形成和消耗相等，不能累
积干物质。光饱和点（LSP△）是指光合作用达到最强时的光照强度，即
净光合速率 Photo 最大值时的 PAR_i 值。此外，表观量子效率为净光合速
率与光合有效辐射的比值；气孔限制值的计算式为 $L_s = (C_a - C_i) /
(C_a - J)$，其中 C_a 为空气 CO_2 浓度；C_i 为胞间 CO_2 浓度；J 为 CO_2 补偿
点，在此忽略不计。

三 实验分析

（一）不同光强下白柳净光合速率的变化

一般植物光合作用的研究选用叶龄成熟、位于树冠上部的朝阳叶片
（功能叶片），而且通常选用南向叶片。图 5 - 2 描述的是白柳在 0 ~
2000μmol/（m²·s）［变化值 200μmol/（m²·s）]不同光强下的光合速率
变化曲线。

从图 5 - 2 中可以看出，在不同光强（PAR_i）下，随着 PAR_i 的升高，
白柳的净光合速率（Photo）明显加大，两者呈正向相关。曲线上，当
$PAR_i = 0$μmol/（m²·s）时，净光合速率为负值，随着 PAR_i 升高，净光

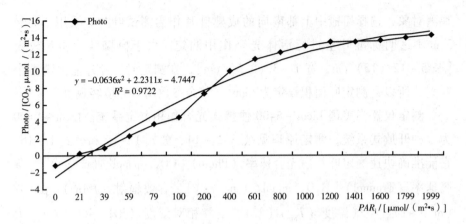

$$y = -0.0636x^2 + 2.2311x - 4.7447$$
$$R^2 = 0.9722$$

图 5 – 2　不同光强下净光合速率的变化

合速率由负转为正；当 $Photo = 0$ 时，PAR_i 即为光补偿点，在低光强下，$Photo$ 随着 PAR_i 升高而升高，最后维持在一定水平，拐点 PAR_i 即为光饱和点。从图中可以看出，白柳的光补偿点为 $21 \sim 39\mu mol/(m^2 \cdot s)$，而光饱和点则大于 $2000\mu mol/(m^2 \cdot s)$，当 $Photo = 2000\mu mol/(m^2 \cdot s)$ 时，净光合速率已经达到 $15.6\mu mol/(m^2 \cdot s)$。

从郭其强等（2010）对光核桃的研究来看，土壤含水量为 26.2% ~ 32.3% 时，光核桃的光补偿点为 $11.3\mu mol/(m^2 \cdot s)$，光饱和点为 1200 ~ $1600\mu mol/(m^2 \cdot s)$，最高净光合速率为 $15.2\mu mol/(m^2 \cdot s)$，且随着土壤含水量的减少，光核桃的光补偿点和光饱和点均表现为整体逐渐下降的趋势。当土壤含水量仅为 5.1% ~ 7.7% 时，光核桃的光补偿点仅为 $6.2\mu mol/(m^2 \cdot s)$，光饱和点下降为 $400\mu mol/(m^2 \cdot s)$，最高净光合速率为 $1.8\mu mol/(m^2 \cdot s)$。而兰小中等（2005）研究巨柏时则发现，巨柏的最高净光合速率仅为 $6 \sim 8\mu mol/(m^2 \cdot s)$（因原文中没有描述具体数据，仅从该文图1估计）。可见，白柳生长速率高于光核桃和巨柏，且更加喜光。而白柳、光核桃、巨柏三者之间，从净光合速率的大小来看，其生长速率依次为：白柳 > 光核桃 > 巨柏，符合三种树种自然生长过程中的生长速率规律。当然，也反映出不同季节的水分盈亏会导致白柳光合能力的变化。

此外，对照其他研究发现，在西藏实际条件下，白柳的光补偿点和光饱和点均大于内地测量值，说明：在长期的适应过程中，白柳适应了西藏强光照、短生长期的环境条件，表现出了光饱和点提高、光补偿点下降的特点。

（二）不同光照条件下白柳蒸腾速率与胞间 CO_2 浓度的变化

植物胞间 CO_2 浓度 C_i 往往反映叶片光合作用对 CO_2 的利用情况。图 5-3 表明，在外界 CO_2 浓度基本不变的情况下（377～382μmol/mol），随着光强的减弱，会在相对一段时间内稳定趋于平衡，此后逐渐增加，在 PAR_i 下降到200lx 后，C_i 值变化加快，当 $PAR_i \geq 1400\mu mol/(m^2 \cdot s)$ 后，C_i 基本稳定于240～260μmol/mol。这表明 CO_2 在光合作用开始的时候被固定的速度较快，光强增加到一定程度时，C_i 趋于稳定，光合速率变化不大，原因在于 RuBP（1，5-二磷酸核酮糖）对 CO_2 的固定能力有限，不会无限制增加。

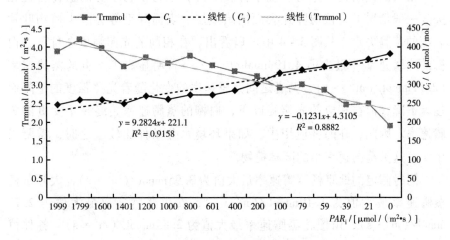

图 5-3　不同光照条件下蒸腾速率的变化

郭其强等（2010）对光核桃的研究中发现，光核桃 C_i 在 $PAR_i \leq 200\mu mol/(m^2 \cdot s)$ 时几乎呈直线下降，当 $PAR_i \geq 400\mu mol/(m^2 \cdot s)$ 后，逐渐趋于平缓，且各干旱胁迫阶段的 C_i 无显著差异（$P > 0.05$）。可见，白柳、光核桃同样在达到光饱和点前的胞间 CO_2 浓度 C_i 趋于稳定，但光核桃的 C_i 更加稳定。

也说明，在外界环境温湿度、CO_2 浓度基本不变的情况下（377～

382μmol/mol），在一定光照强度范围内，PAR_i 保持相对稳定。因此，可以根据当地环境条件，折算出该树种的平均光合生产力。

白柳最高蒸腾速率为 4.19mmol/（m^2·s），蒸腾速率的变化则随着光照强度的减弱而下降，在强光照条件下，下降速率有波动，而在 PAR_i 下降到 200lx 以后，其速率的变化基本成稳定斜率直线下降。图 5-3 表明，白柳的蒸腾速率在 $PAR_i \geqslant 1400$μmol/（m^2·s）后，蒸腾速率明显提高，这与植物的气孔导度 G_s 成线性相关。同样的结论在郭其强（2010）对光核桃的研究中有表现［光核桃最高蒸腾速率为 1.3～1.4mmol/（m^2·s），因原文中没有描述具体数据，仅从该文图 2 估计］；兰小中等（2005）对巨柏的测定结果也类似［巨柏最高蒸腾速率为 1.4～1.6mmol/（m^2·s），因原文中没有描述具体数据，仅从该文图 4 估计］。

（三）不同光照强度下白柳与女贞的蒸腾速率比较

植物的蒸腾速率除与环境条件相关外，也与植物本身的遗传特性相关。一般情况下，植物叶片表面的蜡质层、表面茸毛等会减少植物叶片表面的蒸腾失水。从图 5-4 中可以看出，在相同的光照强度条件下，白柳的蒸腾速率［最大值 4.19mmol/（m^2·s）］明显高于女贞的蒸腾速率［2.77mmol/（m^2·s）］，两者之间蒸腾速率的变化随着光照强度的下降而逐渐下降，但在相应的光照强度下，白柳的蒸腾速率始终高于女贞的蒸腾速率。因此，在园林应用中，如果环境水分条件比较匮乏时，需要采用女贞这类蒸腾速率小的园林植物。

同时测定的北京杨蒸腾速率最大值为 3.95mmol/（m^2·s），大叶黄杨蒸腾速率最大值为 1.19mmol/（m^2·s），女贞蒸腾速率最大值为 2.77 mmol/（m^2·s），山樱花蒸腾速率最大值为 2.55mmol/（m^2·s）。各种植物的蒸腾速率最大值之间的关系为：白柳＞北京杨＞女贞＞山樱花＞巨柏＞光核桃＞大叶黄杨。

此外，从图 5-4 中发现，女贞在 $PAR_i \geqslant 100$μmol/（m^2·s）条件下，蒸腾速率急剧增加。从测定数据可以初步判断，当 $PAR_i \leqslant 100$μmol/（m^2·s）时，其生长需水量不大。

四 结果与讨论

1. 实验结果表明：在长期的适应过程中，白柳适应了西藏强光照、

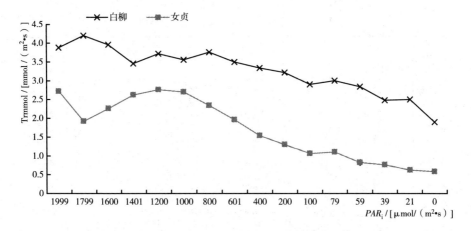

图 5 - 4 不同光照条件下白柳与女贞的蒸腾速率比较

短生长期的环境条件，表现出了光饱和点提高，光补偿点下降。其光补偿点为 $21 \sim 39 \mu mol/(m^2 \cdot s)$，而光饱和点则 $>2000 \mu mol/(m^2 \cdot s)$。其光强的极大适应能力是白柳在西藏得到广泛应用的生理原因之一。

2. 白柳生长过程中，在外界 CO_2 浓度基本不变的情况下（377 ~ 382 $\mu mol/mol$），随着光强的减弱，植物胞间 CO_2 浓度会在强光区段相对稳定一段时间后逐渐增加，在 PAR_i 下降到 200lx 后，C_i 值变化加快。说明白柳在 200 ~ 2000lx 光强条件下，能够通过植物的生理功能稳定其胞间 CO_2，保证正常的光合作用能力，在 200lx 光强以下的区间内，胞间 CO_2 浓度快速升高，说明其光合作用能力已经明显下降，进一步证实了白柳属于喜光植物。因此，在栽培过程中，为保证白柳的正常生长，保证其生态功能的正常发挥，需要将其栽培在朝阳的地方。

五 其他西藏常见园林植物的固碳释氧能力

（一）其他西藏常见园林植物的光合特征曲线

从表 5 - 6 中可以看出，测定的 10 种园林树木中，喜光性依次为：银白杨 > 银杏 > 白柳 > 大果圆柏 > 巨柏 > 山樱花 > 北京杨 > 大叶黄杨 > 小蜡 > 紫薇，银白杨的喜光性最强，而紫薇、小蜡、大叶黄杨可以在背阴处进行栽培。

表 5 – 6　西藏常见园林植物的光合特性

树　种	光补偿点 [μmol/($m^2 \cdot s$)]	R^2	回归方程	备　注
小　蜡	12.5	0.9830	$y = 0.0371x^2 - 0.4637$	较耐阴
紫　薇	7.38	0.9542	$y = 0.0321x^2 - 1.9381$	较耐阴
巨　柏	19.0	0.922	$y = 0.067x^2 + 0.731x - 0.125$	喜　光
大果圆柏	24.3	0.971	$y = 0.128x^2 + 0.123187x - 15.67$	喜　光
银白杨	39.7	0.982	$y = 0.3458x^2 - 1.766x + 15.648$	喜　光
白　柳	27.34	0.9722	$y = -0.0636x^2 - 0.067x + 14.789$	喜　光
银　杏	33.8	0.9881	$y = -0.0000113389x^2 + 0.0240884054x - 0.8012$	喜　光
大叶黄杨	14.61	0.8167	$y = -0.0518x^2 + 0.8034x - 0.9736$	较耐阴
北京杨	15.56	0.7133	$y = 0.0658x^2 - 1.6998x + 11.348$	较耐阴
山樱花	15.87	0.9823	$y = -0.0464x^2 - 0.0391x + 11.44$	较耐阴

耐阴树种光补偿点为 $1.8 \sim 5.4\mu$mol/($m^2 \cdot s$)，喜光树种光补偿点 > 18μmol/($m^2 \cdot s$)。根据该标准，可以将植物划分为三类：耐阴植物光补偿点 < 5.4μmol/($m^2 \cdot s$)，较耐阴植物光补偿点为 $5.4 \sim 18\mu$mol/($m^2 \cdot s$)，喜光植物光补偿点 > 18μmol/($m^2 \cdot s$)。

（二）西藏常见园林植物固碳释氧能力

参照根据植物光合速率估算固碳释氧能力的原理，采用植物单位叶面积释放 O_2 计算公式（公式 1 – 5 和公式 1 – 7），在自然光强 > 1000lx 条件下，计算北京杨、女贞、大叶黄杨、白柳、山樱花等 5 种园林植物的固碳释氧能力，确定不同植物的年固碳释氧能力理论值，为后续生态效益评价提供基础数据。

日同化总量为测定时间段中测定值的平均值与时长数乘积的总和。公式 1 – 5 中，p_i、p_{i+1} 值对应 Licor – 6400 便携式光合作用测定系统测得的第 i 和第 $i+1$ 时间点的 Photo 值；而西藏光照强烈，光照时间段（7:00 ~ 20:00）中自然光强显著 > 1000lx（图 5 – 7），因此，采用 PAR_i > 1000lx 时各种植物的净光合速率平均值作为该植物日净光合速率均值（$\bar{p}$），作为计算日同化总量依据。计算结果见表 5 – 7。

表 5-7　不同光强下 5 种西藏常见园林植物的净光合速率

单位：$\mu mol/(m^2 \cdot s)$

叶室光强（lx）	2000	1800	1599	1399	1199	1001	日净光合速率均值（$\bar{p}$）
北京杨	13.4	9.88	3.89	2.64	2.17	2.17	5.69
女 贞	3.65	3.37	3.46	3.79	4.14	4.07	3.75
大叶黄杨	0.47	0.85	0.70	0.51	1.43	0.97	0.82
白 柳	14.3	13.9	13.6	13.5	13.4	12.9	13.60
山樱花	11.6	11.6	10.5	9.67	9.74	9.49	10.43

假设有效光照内第 j 小时时间段植物日净光合速率测定值的平均值 $\bar{p_j} = \bar{p}$（$j = 1, 2, 3, \cdots, m$），植物日同化总量计算公式（1-5）可进一步简化为：

$$P = \sum_{j=1}^{m}(\bar{p_j} \times 3600 \div 1000) = 3.6 \times \bar{p} \times m$$

式中：P 为测定当日的同化总量 $[mmol/(m^2 \cdot d)]$；m 为 1d 内有效光照时数；

$\bar{p_j}$ 为第 j 小时时间段植物日净光合速率测定值的平均值；

$\bar{p}$ 为植物日净光合速率均值；

3600 指 1h = 3600s；1000 指 1mmol = 1000μmol。

从图 5-7 中可以看出，西藏光照时段为 7:00 ~ 20:00 共 13h，则 $m = 13$。根据公式 1-7，计算出各种植物的日释放 O_2 重量 P_{O_2}。

当园林植物进行光合作用的天数为各地日均温 ≥10℃ 的初始间日数（西藏自治区气象局，1985）时，根据公式 1-8 可知，单位面积绿地净释 O_2 量（W_{O_2}）为单位叶面积年净释 O_2 量（M_{O_2}）与叶面积指数的乘积，而单位叶面积年净释 O_2 量（M_{O_2}）为日释放 O_2 量 P_{O_2} 与各地日均温 ≥10℃ 的初始间日数乘积。计算结果见表 5-8。

从表 5-8 可以看出，不同植物日同化总量与释放 O_2 的重量不同，在不同地区栽培时，每年释放的 O_2 量差异较大，需要根据不同地区园林植物的种类进行固碳释氧功能分析。尽管 Licor-6400 便携式光合作用测定系统测得的是植物功能叶片在光照条件下从外界吸收的 CO_2 量，没有

表 5 – 8　西藏常见园林植物在不同地区栽培时的单位叶面积年净释 O_2 量

树　种	$\bar{p}$ [μmol/(m²·s)]	P [mmol/(m²·d)]	P_{O_2} [g/(m²·d)]	M_{O_2} [kg/(m²·a)]				
				拉萨市 153.9d	日喀则市 140.1d	泽当镇 158.7d	八一镇 159.2d	昌都镇 144.6d
北京杨	5.69	266.29	8.52	1.31	1.19	1.35	1.36	1.23
女　贞	3.75	175.50	5.62	0.86	0.79	0.89	0.89	0.81
大叶黄杨	0.82	38.38	1.23	0.19	0.17	0.19	0.20	0.18
白　柳	13.6	636.48	20.37	3.13	2.85	3.23	3.24	2.95
山樱花	10.43	488.12	15.62	2.40	2.19	2.48	2.49	2.26

注：表中，153.9d 是拉萨市日均温 ≥10℃ 的初始间日数，140.1d 是日喀则市日均温 ≥10℃ 的初始间日数，后同。

扣除植物本身呼吸作用产生的 CO_2 量，故仅为表观光合速率，不能作为估算园林植物固碳释氧能力的直接依据，但能够反映出不同植物日同化总量的变化趋势和差异，因此，能够根据其表观光合速率值判断其对光照强度要求。

当然，植物年净释 O_2 量的变化也受植物生长健康状况以及株龄的影响，为便于统一计算，测定前提之一是生长旺盛健壮、无病虫害且为壮年期的园林植物。

第四节　西藏常见园林植物的降温增湿能力

实验于 2010 年夏季（4～9 月）在西藏农牧学院中进行。选择林地（校园园林植物培育基地）、草地（农场牧草种植基地）、裸露地、水泥地（农场晒场）4 种环境进行植物降温增湿能力的测定。林地为针阔混交林，主要树种有高山松、林芝云杉、西藏红杉、大叶黄杨、杏梅等，郁闭度为 0.8。草地植物为紫羊茅 Festuca rubra cvs.，盖度 98%，高度 10～15cm。实验过程中，通过 PC – 4 人工气象站进行自动观测，采用便携式温湿度记录仪进行。

一 西藏地区环境温度、环境湿度、光照度以及总辐射量的日变化

西藏自治区城镇空间中有防护林、草地、裸露地、水泥地等多种类型的立地条件，为此，设置了林地、草地、裸露地、水泥地面等4种立地条件进行了西藏地区环境温度、湿度、光照度以及总辐射量的日变化测定。测定时间为2010年4月11日至9月13日，通过比对，以4月27日数据为代表进行分析（该日前后3d均无降雨，风速变化不大）。测定数据见图5-5、图5-6、图5-7和图5-8。

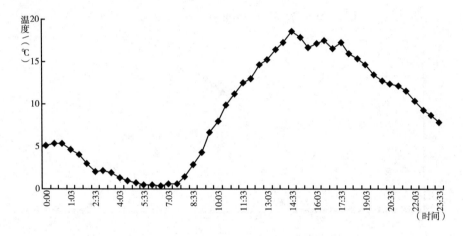

图5-5 西藏地区环境温度日变化曲线

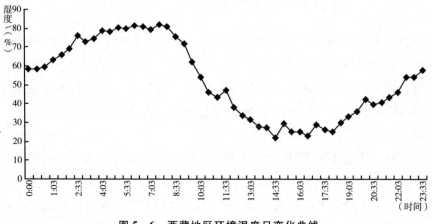

图5-6 西藏地区环境湿度日变化曲线

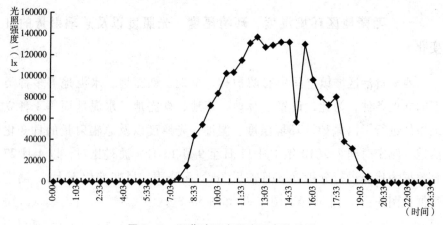

图 5 - 7　西藏地区光照度日变化曲线

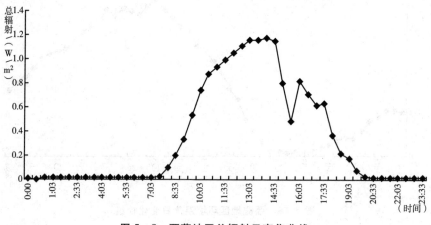

图 5 - 8　西藏地区总辐射日变化曲线

　　从图中可以看出，西藏地区高寒环境中，日最低温度出现在凌晨
4:00～7:30，最高温度出现在 14:00～17:00；而湿度最大的时间出现在
午夜2:00～8:30，湿度最低的时间出现在 12:00～20:00，且温度变化与
环境湿度呈现负相关，即：在风速变化不大，且无降水补充的条件下，
日最高温度出现时，环境湿度最低。

　　同时，通过比对 2010 年 4 月 11 日至 6 月 13 日的全部数据，在草地
环境中，1～3mm 降雨能够使环境湿度从 50% 迅速提升到 80% 以上，并
维持 12～18h 的高湿度环境，而在裸露地架设的 PC - 4 全自动人工气象
站显示的数据中，两种环境条件下湿度的提升速率几乎同步，但维持时

间仅能够保证4~8h，说明植被覆盖能够有效延长环境湿度保持时间。

此外，从日变化曲线中也可以看出，西藏环境温度的变化直接受光照度的影响，并呈正相关。当光照度上升时，环境温度迅速提高(7:03)，当晚间光照度趋向于0时，温度急剧下降，而且，总辐射量与光照度同步，外界辐射量影响不大。

二 植被对地表温度的影响

从图5-9的数据可以看出，林地、草地、裸露地和水泥地面地表温度都经过由低到高再逐渐降低的单峰变化过程，但林地地表温度的峰值出现时间晚于其他时间，且峰值低于草地、裸露地和水泥地面，分别比草地、裸露地和水泥地低3.9℃、8.6℃和12.1℃，一天中，地表最高温度与最低温度之差中，林地（5.9℃）＜草地（9.9℃）＜裸露地（15.9℃）＜水泥地（18.3℃），即林地最小，草地次之，再之为裸露地，最后为水泥地。说明林地和草地等植被覆盖形式能够有效地减缓地表温度的剧烈变化，且林地＞草地，晴天＞阴天。

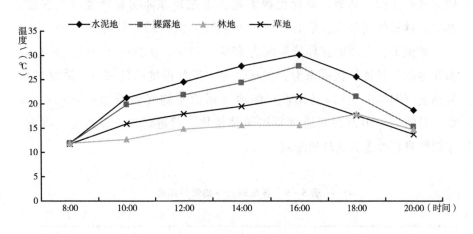

图5-9　植被对地表温度的影响

同时，水泥地面急剧的升温效应也说明了一个问题：在西藏栽植行道树时，常出现偏冠导致倒伏。主要原因是路面升温快，且行道树的树冠具有一定的稳定地表温度的作用，导致道路一侧的地温高于另一侧，使道路一侧的树冠生长加速，最终导致了行道树的倒伏。因此，建议在西藏城镇建设中，园林植物需要适时进行树冠修剪、调整，有效防止行道树倒伏。

三　植被对地表的增湿效应

在不同高度、空气日平均相对湿度下，不管是晴天还是阴天，测定的林地、草地、裸露地、水泥地的湿度差异较大，湿度大小依次为林地＞草地＞裸露地＞水泥地。晴天林地内的平均相对湿度为55.8%，比草地、裸露地、水泥地分别高5.4%、9.4%和12.4%；阴天林地内平均相对湿度为61.7%，比草地、裸露地、水泥地高5.5%、9.5%和12.5%。一天中，早晨和傍晚（6:00和19:00～20:00）林地和草地与裸露地和水泥地面相比，空气日平均相对湿度远远高于裸露地和水泥地，在14:00时林地分别比草地、裸露地和水泥地高14.7%、19.0%和29.4%；在16:00时林地则分别比草地、裸露地、水泥地高出9.0%、17.4%和22.4%。四种环境条件下，空气日平均相对湿度都是中午低、早晚高，呈现出典型的马鞍形，而且离地面越高空气湿度越大。不论是晴天还是阴天，林地、草地比裸露地、水泥地都能明显增加空气湿度，其中，林地作用最大，草地次之，且最热时（14:00）最明显。

常温下，人体适宜环境湿度为45%～75%，从当前西藏各地区行署所在地的气候特征数据来看，仅从气温、空气湿度条件来看，适宜区域有林芝（71%）、昌都（50%）两地（那曲平均气温偏低未列入），拉萨、日喀则、山南必须通过栽培园林植物，营造绿地，提高空气湿度，才能够真正改善人居环境质量。

表5-9　各观测点平均相对湿度

单位：%

天　气	高度(cm)	林地	草地	裸露地	水泥地
晴　天	15	57.0	52.4	47.7	45.7
	50	55.8	50.7	46.4	42.8
	100	54.5	48.1	45.0	41.7
	平均	55.8	50.4	46.4	43.4

续表

天　气	高度(cm)	林地	草地	裸露地	水泥地
阴　天	15	64.7	58.1	54.1	50.3
	50	61.5	56.3	52.8	49.8
	100	58.9	54.1	49.6	47.4
	平均	61.7	56.2	52.2	49.2

四　不同树种的蒸腾速率

结合光合速率的测定，研究过程中测定了白柳、山樱花、北京杨、大叶黄杨、女贞共5种树种的蒸腾速率，见表5-10。

表5-10　不同光强下5种西藏常见园林植物的蒸腾速率

单位：mmol/（m² · s）

叶室光强	2000	1800	1599	1399	1199	1001	800	600	401	199	99	81	$PAR_i >$ 1000 平均值
北京杨	3.95	2.54	0.91	0.459	0.715	0.762	0.138	1.02	0.465	0.402	0.904	0.488	1.56
女　贞	2.72	1.93	2.27	2.63	2.77	2.7	2.34	1.97	1.54	1.3	1.07	1.1	2.50
大叶黄杨	0.366	0.1	0.209	0.0447	0.653	0.705	0.664	0.956	0.831	1.19	1.02	1.09	0.35
白　柳	3.88	4.19	3.96	3.47	3.72	3.56	3.76	3.5	3.34	3.22	2.91	3.0	3.80
山樱花	2.55	2.41	1.56	1.74	1.74	1.89	1.17	1.41	1.5	1.57	1.37	0.858	1.98

从表5-10，图5-10可以看出，不同树种在不同光强下，树木的蒸腾速率差异较大。整体而言，白柳的蒸腾速率最高，最低的是大叶黄杨。5种园林植物的蒸腾速率均值大小依次为：白柳＞女贞＞山樱花＞北京杨＞大叶黄杨（表5-10）。

在设定范围的光强条件下，从耗水的角度而言，最节水的是大叶黄杨，最耗水的是白柳，其次为女贞（从图5-10中曲线与x轴的围合面积大小分析）。因此，建议在缺水区域种植大叶黄杨，在需要增加空气湿度的市镇则种植白柳。

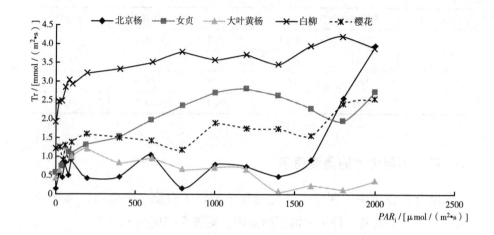

图 5 - 10　不同光强下 5 种西藏常见园林植物的蒸腾速率

五　结果与讨论

（1）不同植物增加空气湿度的效能不同。测定的 5 种西藏常见园林植物的蒸腾速率均值依次为：白柳 > 女贞 > 山樱花 > 北京杨 > 大叶黄杨；在 $1000 \sim 2000 \mu mol/(m^2 \cdot s)$ 光强条件下，从耗水的角度而言，最节水的是大叶黄杨，最耗水的是白柳。因此，建议在缺水区域种植大叶黄杨，在需要增加空气湿度的市镇则种植白柳。

（2）本研究光照强度设定范围为 $0 \sim 2000lx$。从图 5 - 10 中可以看到，光强 $> 1500 \mu mol/(m^2 \cdot s)$ 后，北京杨的蒸腾速率急剧上升。而实测西藏环境条件下，自然光强最大瞬时达到了 $183149lx$（2010 年 5 月 30 日 13:33 时），因此，北京杨在更高光强条件下的蒸腾速率变化需要进一步研究。

（3）国内外对园林植物降温增湿能力的研究主要是针对夏季高温季节的小气候效应。研究认为：城市覆盖绿化率 $< 37\%$，对气温的改善不明显，理想的城市绿化覆盖率需要 $> 40\%$，如果城市绿化覆盖率达到 50% 以上时，夏季酷热现象可根本改变（刘常富，2003）。但西藏气候的整体特点是"长冬无夏、春秋相连"，夏季平均气温仅为

30℃左右，在降温功能上要求不高；而从年平均空气相对湿度上来看，除林芝、昌都以外，拉萨、日喀则、山南地区行署所在地均需要通过种植园林植物改善湿度环境，但不推荐在西藏大面积种植常绿树种，以保证冬季气温的需要。

第六章　西藏园林绿地生态服务功能价值评估

　　生态效益是从生态平衡的角度来衡量的。生态效益与经济效益之间是相互制约、互为因果的关系。在某项社会实践中所产生的生态效益和经济效益可以是正值或负值。最常见的情况是：为了更多地获取经济效益，给生态环境带来不利的影响；在人类的生产和生活中，如果生态效益受到损害，整体和长远的经济效益也难得到保障。因此，人们在社会生产活动中要维持生态平衡，力求做到既能获得较大的经济效益，又能获得良好的生态效益。

　　大多数的生态效益不能直接收益，但并不表示它不存在。生态效益影响人类健康、生计、安全还有其他福利。如何用间接的生态效益价值警示人们对环境的污染，是提高生态效益对可持续发展有效作用的途径。在高原生态脆弱区，实现生态效益的优良化是协调持续发展的永恒主题，因此，把生态效益的功能用价值的形式表示出来，可加强人们的重视程度，有利于生态和经济的可持续发展。

　　城市园林植物不仅能够营造优美的城市景观，为广大居民提供良好的生活空间，而且能够发挥巨大的生态效益，包括改善大气碳氧平衡、降温、增湿、滞尘等，因而成为维持城市良好生态环境的关键支撑和保障城市可持续发展的重要基础设施。准确分析、客观评估城市绿地的生态效益，是准确衡量城市环境质量、合理制定城市发展规划、有效实施以人为本的城市建设、科学管理城市活动的重要依据和工作基础。因此，以园林植物生态效应的定量值为基础，分析园林植物所产生的生态效益，对于正确衡量绿化建设资金的运行效果，合理评价绿化项目的建设结果，进而推动园林绿化事业的发展，具有重要意义。

西藏属于青藏高原的一块典型高原生态脆弱区，对其进行生态效益评估有利于其生态和经济的可持续发展。本研究以西藏拉萨地区拉萨市、林芝地区八一镇、山南地区泽当镇、日喀则地区日喀则市和昌都地区昌都镇等城镇的园林绿地为研究对象，运用 Lieth 的 Thomthwaite Memorial 模型（1975）计算园林植物净初级生产力，结合园林植物滞尘能力、减噪效果、光合特性（固碳释氧）、降温增湿等研究成果，对西藏园林植物的生态效益进行测算，实现对园林绿化生态效益的定量评估；并应用谢高地等（2003）制定的中国陆地生态系统价值评估法，进行各类型植被的生态系统服务功能价值的评估。

第一节 评估原则与基础

一 固碳释氧能力评估

本章采用植物净初级生产力模型和绿量（园林植物的功能叶片总面积）计算方法进行西藏重点城镇（各地区行署）园林绿地的固碳释氧能力评估。方法如下。

采用卫星遥感图片分析各地区行署所在地的城镇建成区面积（km^2）、绿地面积（hm^2）、绿地类型，绿地类型划分为乔木林、灌木林、草地、湿地和苗圃 5 种类型并抽样调查。乔木林调查植物种类、胸径、树高、冠幅、枝下高和栽培面积（hm^2）等 6 项指标，灌木林调查植物种类、高度、冠幅和栽培面积等 4 项指标，草地、湿地和苗圃调查植物种类、栽培面积等 2 项指标；其中，城镇绿地中的草坪、花坛和花境等归入草地计算。各类型绿地中，灌木、草地、湿地和苗圃植物的总叶面积按照栽培面积进行核算，乔木总叶面积依照栽培面积与叶面积参数 I 乘积进行核算，叶面积参数 I 为乔木树种的 Nowak 叶面积值与树冠投影面积的比值（表 6-1），采用 Nowak 叶面积数学模型（公式 1-11）进行计算。

各类型园林绿地固定 CO_2、释放 O_2 的总量按照其与植物净初级生产力之间的关系进行计算。单位叶面积园林绿地的年净初级生产量 P_{NPP} [t/（$hm^2 \cdot a$）] 采用 Lieth 的 Thomthwaite Memorial 模型（公式 1-4）进行计算。模型中参数年平均气温 T、年平均降水量 R 来源于气象局各观测站数据（西藏自治区气象局，1985），见表 6-2。

表 6-1　西藏重点城镇乔木的平均叶面积参数

地区	地名	海拔 （m）	O_2 浓度 （%）	平均树冠高 H（m）	平均冠幅 D（m）
拉萨	拉萨市	3658.0	13.45	5.8	4.7
日喀则	日喀则市	3836.0	13.16	4.5	2.1
山南	泽当镇	3551.7	13.62	5.7	4.3
林芝	八一镇	3000	14.49	4.5	2.4
昌都	昌都镇	3240.7	14.05	4.2	3.2

地区	地名	平均树冠投影 面积（m²）	树冠投影系数 S	Nowak 叶面积值 Y（m²）	叶面积参数 I
拉萨	拉萨市	17.35	77.52	71.92	4.15
日喀则	日喀则市	3.46	21.77	17.55	5.07
山南	泽当镇	14.52	67.54	60.26	4.15
林芝	八一镇	4.52	26.01	20.46	4.52
昌都	昌都镇	8.04	37.20	28.77	3.58

表 6-2　西藏重点城镇气候特征

地区	地名	海拔 （m）	年均气温 （℃）	日均温≥10℃		无霜期 （d）	降水量（mm）	
				日数（d）	积温（℃）		年均	6~9月（%）
拉萨	拉萨市	3658.0	7.5	153.9	2176.9	133	443.6	92.4
日喀则	日喀则市	3836.0	6.3	140.1	1880.7	127	434.1	95.8
山南	泽当镇	3551.7	8.2	158.7	2262.8	130*	408.2	89.0
林芝	八一镇	3000.0	8.6	159.2	2225.7	177	634.2	71.6
昌都	昌都镇	3240.7	7.6	144.6	2108.0	127	495.6	78.5
阿里	狮泉河镇	4278.0	-0.2	92.7	1148.7	85	76.3	86.0
那曲	那曲镇	4507.0	-1.9	6.2	79.8	20	400.1	84.6

地区	地名	相对湿度 （%）	日照		大气压 （hPa）	相对 O_2 含量 （%）
			年时数（h）	%		
拉萨	拉萨市	35	3021.6	69.0	652.0	13.45
日喀则	日喀则市	41	3248.2	74.0	637.8	13.16
山南	泽当镇	43	2938.6	67.0	660.3	13.62
林芝	八一镇		1988.6	46.0	702.5	14.49
昌都	昌都镇	50	2276.5	52.0	681.2	14.05
阿里	狮泉河镇	32.8	3445.3	80.0	604.4	12.47
那曲	那曲镇	50	2881.0	66.0	587.2	12.11

注：相对 O_2 含量为各地点空气中 O_2 相对于海平面处空气中 O_2 含量。

则每公顷园林绿地的年平均净初级生产量 M_T $[t/(hm^2 \cdot a)]$ 为：

$$M_T = A_L \times P_{NPP} = A \times I \times P_{NPP} \qquad (公式\ 6-1)$$

式中：A_L 为园林绿地的总叶面积（hm^2），A 为园林绿地占地面积（hm^2）；

I 为叶面积参数，当绿地类型为灌木林、草地、湿地、苗圃时，$R=1$；

P_{NPP} 为单位叶面积年平均净初级生产量 $[t/(hm^2 \cdot a)]$。

因 $R > 0.316L$，则 $V = 1.05 \times R \times \sqrt{1 + (1.05R/L)^2}$，计算结果见表 6-3。

表 6-3　西藏重点城镇单位叶面积净初级生产量

指　　标	拉萨市	日喀则市	泽当镇	八一镇	昌都镇
年平均温度 T（℃）	7.50	6.30	8.20	8.60	7.60
年平均降水量 R（mm）	443.60	434.10	408.20	634.20	495.60
年最大蒸散量 L（mm）	487.50	457.50	505.00	515.00	490.00
年平均蒸散量 V（mm）	336.77	322.90	326.78	407.38	356.74
年平均净初级生产量 P_{NPP} $[t/(hm^2 \cdot a)]$	7.93	7.63	7.72	9.39	8.36

根据光合作用方程式（公式 1-1）可以得出每生产 1g 干物质吸收 1.467gCO_2，放出 1.067gO_2，进而得出每公顷园林绿地的年平均固定 CO_2 总量和释放 O_2 总量计算式：

$$M_{CO_2} = 1.467 \times A \times I \times P_{NPP} \qquad (公式\ 6-2)$$

式中：M_{CO_2} 为每公顷园林绿地的年平均固定 CO_2 总量 $[t/(hm^2 \cdot a)]$。

$$M_{O_2} = 1.067 \times A \times I \times P_{NPP} \qquad (公式\ 6-3)$$

式中：M_{O_2} 为每公顷园林绿地的年平均释放 O_2 总量 $[t/(hm^2 \cdot a)]$。

二　滞尘能力评估

滞尘能力根据滞尘量的大小而判断。调查各地区行署所在地的乔木、灌木、草本园林植物的栽培面积，并依照主要栽培植物确定各生态型绿地的单位叶面积年滞尘量。其中，常绿木本植物（乔木、灌木）有效滞尘时间按照每年 52 周计算，草本植物、落叶木本植物有效滞尘时间按照每年 18 周计算（依据各城镇无霜期最低值确定，见表 6-2），依照不同树种 7d（1 周）的滞尘量（见表 5-2）计算出该植物的单位叶面积年滞尘量 [t/(hm² · a)]，见表 6-4。

表 6-4 西藏常见园林植物单位叶面积年滞尘量

单位：t/（hm² · a）

树 种	年滞尘量	树 种	年滞尘量	树 种	年滞尘量
高山松	4.56	红叶石楠	3.05	白丁香	0.12
油 松	4.26	小叶女贞	2.67	北京杨	0.12
北美短叶松	4.23	金边卵叶女贞	2.17	鸡爪槭	0.09
林芝云杉	4.71	日本晚樱	0.32	紫叶小檗	0.30
圆 柏	4.28	五角枫	0.26	玉 兰	0.10
侧 柏	4.86	榆树	0.24	悬铃木	0.67
雪 松	4.19	白柳	0.39	紫薇	0.44
荷花玉兰	3.69	地锦	0.17	蜡梅	0.44
女 贞	3.45	榆叶梅	0.15	桂花	1.05
樟	2.95	垂柳	0.14	裂叶蒙桑	0.97
大叶黄杨	3.44	龙爪榆	0.15	核桃	1.17

计算各重点城镇木本植物单位叶面积年滞尘量时，采用各城镇主要栽培树种的年滞尘量平均值为计算依据。计算结果见表 6-5。此外，草地、湿地、苗圃等类型园林绿地的平均滞尘能力依照平均值 1.78t/(hm² · a) 测算。

表 6-5 西藏重点城镇木本植物单位叶面积年滞尘量

单位：t/（hm² · a）

地 区	地 名	主要树种		年滞尘量	
		乔木林	灌木林	乔木林	灌木林
拉 萨	拉萨市	北京杨、白柳（左旋柳）	大叶黄杨、侧柏、小叶女贞	3.70	3.66
日喀则	日喀则市	北京杨	侧柏、大叶黄杨	3.57	4.15
林 芝	八一镇	高山松、女贞、雪松	大叶黄杨、金边卵叶女贞、紫叶小檗	4.06	1.97
昌 都	昌都镇	白柳	大叶黄杨、紫叶小檗、金边卵叶女贞	3.63	1.97
山 南	泽当镇	北京杨、白柳、女贞	金边卵叶女贞、红叶石楠、侧柏、紫叶小檗	3.46	2.59

三 生态系统服务功能价值评估

Gretchen C. Daily 在其主编的 *Nature's Service：Societal Dependence on Natural Ecosystem* 一书中对生态系统服务给出如下定义：生态系统服务是支持和满足人类生存的自然系统及其组成物种的条件和过程，并将生态系统服务功能定义为：生态系统服务功能是指生态系统与生态过程所形成的、维持人类生存的自然环境条件及其效用。它不仅为人类提供了食品、医药以及其他生产生活原料，还创造与维持了生命物质的生物地化循环与水文循环，维持了生物物种与遗传多样性，维持了大气化学的平衡与稳定，形成了人类生存所必需的环境条件，成为地球生命的支撑系统（欧阳志云等，1999），它是由自然资本的能流、物流、信息流构成的生态系统服务和非自然资本结合在一起所产生的人类福利。值得注意的是，生态系统服务是由生态系统功能产生的，但并不一定与生态系统功能一一对应，有些情况下一种生态系统服务是由两种或两种以上功能所共同产生的，另一些情况下一种生态功能也能产生两种或两种以上的生态系统服务。

（一）生态系统服务功能的价值分类

生态系统的总经济价值包括使用价值和非使用价值，其中使用价值又分为直接使用价值、间接使用价值和选择价值；非使用价值指存在价值。直接使用价值指直接实物价值和直接服务价值，是生态系统产品所产生的价值，包括食物、医药、纤维和其他工农业生产原料的初级生产以及旅游休闲等带来的价值。间接使用价值指生态功能价值，是无法商品化的生态系统服务，如土壤形成、养分循环、气候调节和水源涵养等。选择价值指潜在利用价值，是人类为了将来能够直接利用或间接利用某种生态系统服务功能的支付意愿，就如同人们花钱买保险。存在价值是内在价值，属于非使用价值，是人们为确保生态系统服务功能能继续存在的支付意愿。存在价值是生态系统本身具有的价值，是一种与人类利用无关的经济价值。换句话说，即使人类不存在，存在价值仍然有，如生态系统中的生物多样性与气体调节等。存在价值是介于经济价值与生态价值之间的一种过渡性价值，它可为经济学家和生态学家提供共同的价值观。

表 6-6　西藏园林绿地生态系统服务与生态系统功能类型

序号	生态系统服务	生态系统功能	举　例
1	气体调节	调节大气化学成分组成	CO_2/O_2 平衡,O_3 对 UV-B 的防护,SO_x 浓度水平
2	气候调节	调节温湿度	调节温室气体,生成影响云的形成的 DMS
3	水源涵养	调节径流作用	为流域、水库和地下水提供水;并能保护海岸和河岸,防止湖泊、河流和水库的淤积
4	土壤形成与保护	土壤、土壤肥力的形成	滞尘:植被和枯枝落叶层的覆盖,可以减少雨水对土壤的直接冲击,保护土壤减少侵蚀,保持土地生产力;促使生物与非生物环境之间的元素变换,维持生态过程
5	废物处理	对污染物质的吸收、降解、指示	某些植物对污染物质有抗性;另一些生物对有机废物、农药以及空气和水的污染物有降解作用。有些植物对污染物敏感,因而对环境污染具有指示作用
6	生物多样性	植物繁育、生物繁衍地	作为植物繁育的基础,为动物提供栖息地、育雏地、越冬场所等
7	初级生产	生产食物、原材料	生产果实、药材、蜂蜜等;生产木材、燃料等
8	旅游休闲	提供旅游等的就业机会	生态旅游、户外休闲、生态教育、科学研究等

（二）生态系统服务功能价值评估方法

根据生态经济学、环境经济学和资源经济学的研究成果,生态系统服务功能的经济价值评估方法可分为三类:（1）实际市场评估法:对具有实际市场的生态系统产品和服务以生态系统产品和服务的市场价格作为生态系统服务的经济价值。评估方法主要包括市场价值法（Market Method）、费用支出法（Expenditure Method）。（2）替代（隐含）市场评估法:生态系统的某些服务虽然没有直接的市场交易和市场价格,但具有这些服务的替代品的市场和价格,通过估算替代品的花费而代替某些生态服务的经济价值,即以使用技术手段获得与某种生态系统服务相同的结果所需的生产费用为依据,间接估算生态系统服务的价值。这种方法以"影子价格"和消费者支付意愿来估算生态系统服务的经济价值。评估方法较多,包括替代成本法（Replacement Cost Technique）、生产成本法或机会成本法（Opportunity Cost Approach）、恢复和保护费用法（Recovery and Preventive Cost Approach）、影子工程法（Shadow Project Approach）、旅行费用法（Travel Cost Method）、资产价值法或享乐价格法（Hedonic Price Method）

以及疾病成本法（Cost of Illness Approach）、人力资本法（Human Capital Approach）、预防性支出法（Preventive Expenditure Approach）和有效成本法等。（3）假想（模拟）市场评估法：对没有市场交易和实际市场价格的生态系统产品和服务（纯公共物品），只有人为地构造假想市场来衡量生态系统服务和环境资源的价值，其代表性的方法是条件价值法或称意愿调查法（Contingent Valuation Method）。条件价值法是一种直接调查方法，是在假想市场情况下直接询问人们对某种生态系统服务的支付意愿（willingness to pay），以人们的支付意愿来估计生态系统服务的经济价值（欧阳志云等，1999；张志强等，2003；刘承江等，2008）。与市场价值法和替代市场价值法不同，条件价值法不是基于可观察到的或预设的市场行为，而是基于被调查对象的回答。他们的回答告诉我们在假设的情况下他们将采取什么行动。直接询问调查对象的支付意愿既是条件价值法的特点，也是条件价值法的缺点所在。条件价值法可用于评估生态资源的利用价值和非利用价值，并被认为是唯一可用于非使用价值评估的方法，是近年来国外生态与环境经济学中最重要的和应用最广泛的关于公共物品价值评估的方法（薛达元，1997）。由于条件价值法仅仅依靠询问而没有观察人们的实际行为，它的最大问题是调查是否准确模拟了现实世界，被调查者的回答是否反映了他们的真实想法和真实行为，即所得数据受被调查者对生态系统服务的重要性的认识、回答问题的态度、假设条件是否接近实际等问题的影响，难免使结果偏离实际价值量；另外，需要较大样本的数据调查和处理，调查和分析工作费时费力。由于条件价值法在实施中可能出现信息偏差、工具偏差、初始点偏差、假想偏差、策略性偏差等多方面的偏差（郭中伟等，1999；李文华，2008），因此，为避免偏差所导致的结果失真，通常须进行条件价值法的可靠性检验。各种方法的优缺点见表6-7。

表6-7　生态系统服务与自然资本的经济价值评估方法

方法类型	具体方法	适用范围及优缺点
实际市场评估法	市场价值法	适用于有实际市场价格的生态系统服务内容的价值评估。缺点是不能度量具备间接使用价值和非使用价值的生态系统服务内容
	费用支出法	从消费的角度评估生态效益的价值,有总支出法、区内支出法和部分费用法3种形式,缺点是只计算费用支出而未计算消费者剩余

方法类型	具体方法		适用范围及优缺点
替代（隐含）市场评估法	替代成本法		通过估算替代品的经济价值实现估算。缺点是生态系统的许多服务无法通过替代获得
	生产成本法	机会成本法	以保护某种生态系统服务的最大机会成本估算对应价值
		恢复和保护费用法	以恢复或保护某种生态系统所需要的费用估算对应价值。该方法的评估结果只是生态系统服务经济价值的最低估价
		影子工程法	恢复费用法的一种特殊形式，以人工建造替代系统的投资费用进行估算，缺点是影子工程成本难以估算生态系统的多方面的功能效益
	旅行费用法		用于评估生态系统的旅游休闲价值，计算结果只是对生态旅游资源游憩价值的一部分
	享乐价格法		利用物品特性的潜在价值估计环境因素对房地产价格的影响。缺点是难以获得大量精确的数据，并低估了环境价值，忽略了非使用价值
假想（模拟）市场评估法	条件价值法		适用于没有实际市场和替代市场交易的生态系统服务，是公共物品价值评估的重要方法。缺点是评估的依据是人们的主观观点，所得结果难免偏离实际，且需要大样本的调查数据

资料来源：引自张志强等《生态系统服务与自然资本价值评估研究进展》（2000）。

（三）生态服务功能价值评估

我国谢高地等（2003）针对 Costanza 体系的不足，参考其部分可靠的成果，在对 200 位生态学者进行问卷调查的基础上，制定出了我国生态系统生态服务价值当量因子表。生态系统生态服务价值当量因子是指生态系统产生的生态服务的相对贡献大小的潜在能力，定义为 $1hm^2$ 全国平均产量的农田每年自然粮食产量的经济价值。并以此为依据将权重因子表转换成年生态系统服务单价表，经过综合比较分析，确定 1 个生态服务价值当量因子的经济价值量等于年全国平均粮食单产市场价值的 1/7。

为便于比较，本次评估借鉴谢高地等的估算法和功能分类，参照谢高地等制定的我国生态系统生态服务价值当量因子（见表 6-8），确定西藏自治区的生态系统服务功能价值当量。

其中，因谢高地等的估算方法中没有单列园林苗圃用地的生态功能价值当量，故参照其原理，补充设置了苗圃地的价值当量；同时，原估算方法中将原材料和食物生产单列，考虑到园林植物栽培主要用于改善生态环境，故将食物生产与原材料两项整合为初级生产，补充、修订后的西藏园林植物生态服务与生态系统功能价值当量见表6-9。

表6-8　中国陆地生态系统单位面积生态服务价值当量

项目	气体调节	气候调节	水源涵养	土壤形成与保护	废物处理	生物多样性	食物生产	原材料	旅游休闲
林地	3.50	2.70	3.20	3.90	1.31	3.26	0.10	2.60	1.28
草地	0.80	0.90	0.80	1.95	1.31	1.09	0.30	0.05	0.04
农田	0.50	0.89	0.60	1.46	1.64	0.71	1.00	0.10	0.01
湿地	1.80	17.10	15.50	1.71	18.18	2.50	0.30	0.07	5.55
水体	0.00	0.46	20.38	0.01	18.18	2.49	0.10	0.01	4.34
荒漠	0.00	0.00	0.03	0.02	0.01	0.34	0.01	0.01	0.01

资料来源：引自谢高地等《青藏高原生态资产的价值评估》（2003）。

表6-9　西藏园林植物生态服务与生态系统功能价值当量

项目	气体调节	气候调节	水源涵养	土壤形成与保护	废物处理	生物多样性	初级生产	旅游休闲
林地	3.50	2.70	3.20	3.90	1.31	3.26	2.70	1.28
草地	0.80	0.90	0.80	1.95	1.31	1.09	0.35	0.04
湿地	1.80	17.10	15.50	1.71	18.18	2.50	0.37	5.55
苗圃	3.00	2.00	1.60	1.46	1.64	1.09	0.70	1.28

　　表6-9的当量因子仅提供了一个平均状态的生态系统生态服务价值的单价，但是生态系统的生态服务功能大小与该生态系统的生物量有密切关系，一般来说，生物量越大，生态服务功能越强，为此，假定生态服务功能强度与生物量成线性关系，提出生态服务价值的生物量因子按下述公式来进一步修订生态服务单价，得出西藏自治区各地区行署所在地的单位面积生态系统功能价值单价（见表6-10）；并根据西藏自治区各地区所在行署的各类生态系统类型的面积和表6-10提供的单价，得出各类生态系统及其各项服务功能的价值

$$U_{ij} = (m_j/M)U_i \qquad （公式6-4）$$

　　式中：U_{ij}为订正后的单位面积生态系统的生态服务价值；$i = 1, 2,$

3，…，8，分别代表气体调节、气候调节、水土涵养、土壤形成与保护、废物处理、生物多样性、初级生产、旅游休闲等不同类型的生态系统服务价值；$j=1$，2，3，…，n，分别代表寒温带山地落叶针叶林、温带山地常绿针叶林、高寒草甸草原类、高寒草原类、高寒荒漠草原类等不同生态资产类型，U_i 为表 6-8 中不同生态系统服务价值基准单价，m_j 为 j 类生态系统的生物量，M 为我国一级生态系统类型单位面积平均生物量（谢高地等，2003；李文华，2008；中国国家林业局，2008）。

表 6-10　西藏园林植物生态服务与生态系统功能价值单价

单位：元/hm^2

项目	气体调节	气候调节	水源涵养	土壤形成与保护	废物处理	生物多样性	初级生产	旅游休闲	总和
林地	3097.20	2389.10	2831.50	3450.90	1159.20	2884.60	2389.10	1132.60	19334.20
草地	707.90	796.40	707.90	1725.50	1159.20	964.50	309.70	35.40	6406.50
湿地	1592.70	15130.90	13715.20	1513.10	16086.60	2212.20	327.40	4910.90	55489.00
苗圃	2654.74	1769.70	1415.75	1291.88	1451.21	964.48	619.40	1132.60	11299.76
合计	8052.54	20086.10	18670.35	7981.38	19856.21	7025.78	3645.60	7211.50	92529.46

从表 6-10 中可以看出，单位面积不同的园林绿地形式中，湿地的生态系统功能价值最高，是林地（复合型园林林地）的 2.87 倍，是草地的 8.66 倍，是苗圃的 4.91 倍。园林草坪（草地）是一种高精细管理的绿地类型，需要大量的水分消耗，因此，近年来，园林建设中不再推荐单纯的草坪形式建设绿地，而是以"乔—灌—草"结合的复合型园林林地为主。

园林植物造景过程中，乔木以防护林、公园绿地基础栽植以及行道树形式构成复合型园林林地，通过不同树种之间的植物配置，围合城镇中的绿地斑块，其主体生态功能是气体调节、水源涵养等，并通过土壤微生物共生和枝叶滞尘、防风、凋落物分解、根系固定等作用发挥促进土壤形成与保护的功能，创造自然景观为旅游休闲提供服务。

西藏是我国天然草地分布面积最大的区域之一，主要包括高寒草甸和高寒草原两种类型。高寒草甸是在高原寒冷、湿润的气候条件下，以耐寒性多年生、中生草本植物为主的草甸类型，草层平均高度5～15cm，盖度80%～90%；高寒草原是在高原寒冷、干旱的气候条件下，由抗旱耐寒的多年生草本植物或小半灌木形成，植物组成简单，一般植物种的饱和度为10～15种/m²，草群稀疏低矮，生物产量偏低，草层平均高度5～15cm，草群盖度一般为20%～30%（中国科学院青藏高原综合科学考察队，1985）。草坪是园林植物造景的基本元素之一，在西藏种植草坪时，尊重了以上自然规律，主要种植以草地早熟禾 *Poa* spp.、紫羊茅、黑麦草 *Lolium* spp. 等冷季性草坪草种或白车轴草 *Trifolium repens*、紫苜蓿 *Medicago sativa* 等地被植物，并结合小灌木（小檗、大叶黄杨等）形成景观，草层平均高度控制在5～15cm，通过草坪、地被植物的土壤微生物共生、凋落物分解、根系固定达到土壤形成与保护的生态效应，因此，体现生态系统服务时，效用可以等同于高寒草地。

湿地是"陆地之肾"。西藏是我国高原沼泽湿地分布面积最大、类型多样的地区，它既有起源于水体形成的湖滨滩地沼泽、古河道沼泽，也有起源于陆地形成的阶地沼泽和山前洼地沼泽等类型。由于湿地水分的存在，湿地为水源涵养、废物处理提供了条件，同时由于水的热容量高于土壤，能够吸收并保存太阳辐射能，因此，对气候调节具有积极的作用。园林湿地一般是依托城镇周边原有湿地，经过规划设计，形成的集观光与生态保护于一体的主题公园，如：拉萨的拉鲁湿地公园、林芝地区八一镇湿地公园等，因此，湿地公园的生态系统服务与生态系统功能价值可以等同于森林生态系统中的湿地。

西藏园林苗圃地（含城区林木育苗苗圃）基本等同于林地，但由于其一般采用高密度栽植，进行苗木的繁育、栽培，同时，西藏园林苗圃地多作为"林卡"为本地居民提供节假日休闲活动场所，因此，旅游休闲价值等同于林地，而初级生产主要为幼林苗木的干物质积累。由于西藏气候的大环境影响以及传统习惯延续而形成的较为粗放的管理，园林苗木幼龄期生长缓慢，年生长量仅为全国平均水平的1/4左右，因此，功能价值不及林地。

青藏高原土壤是在以林地、草本植被为主的多种生态类型植被和强盛的冻融作用下，形成的土层较薄、腐殖化程度较低、类型最多、理化性状极为独特的不同类型的高山土壤（钟祥浩等，2008）。不同植被凋落物补充和土壤微生物活动，形成了不同的土壤养分。城镇园林植物生态系统则是城市土壤环境中土壤形成、土壤养分构成的促进者，因此，其土壤形成与保护的生态功能不容忽视。

第二节　拉萨市园林绿地生态效益评估

一　拉萨市各类型绿地面积

2012 年，拉萨市市区规模从 2001 年的 48km^2 发展到 2012 年的 62.8km^2，绿地总面积 2708hm^2（含拉鲁湿地自然保护区 6.2km^2），公园绿地 58 个，草坪面积 618hm^2，苗圃地 18.94hm^2（见表 6-11），城市绿地率达到 43.12%，人均公共绿地面积 10.99m^2。复合型园林林地中，乔木类面积 831.45hm^2，以北京杨、白柳、左旋柳为主，灌木类面积 619.61hm^2，以大叶黄杨、侧柏、小叶女贞为主。

表 6-11　拉萨市各生态系统类型的面积

类　型	林地	草地	湿地	苗圃	总面积
面积（hm^2）	1451.06	618	620	18.94	2708
比例（%）	53.58	22.82	22.90	0.7	100

二　拉萨市园林绿地生态效益

采用 Lieth 的植物净初级生产力 Thomthwaite Memorial 模型和绿量（园林植物的功能叶片总面积）计算方法进行拉萨市园林绿地的固碳释氧能力评估，结果见表 6-12。

从表 6-12 中可以看出，按照 Lieth 的 Thomthwaite Memorial 植物净初级生产力模型估算方法，拉萨市园林绿地每年能够固定 CO$_2$ 61971.43t，释放 45073.97t 的 O$_2$，年理论滞尘量为 17272.04t，其生态效益的价值可观。

表 6 – 12　拉萨市园林绿地生态效益估算

效益估算	绿地面积(hm^2)	叶面积(hm^2)	固定CO_2(t/a)	释放O_2(t/a)	滞尘(t/a)
乔木林	831.45	3450.52	40140.94	29195.90	12766.91
灌木林	619.61	619.61	7208.12	5242.71	2267.77
草　地	618.00	618.00	7189.39	5229.09	1100.04
湿　地	620.00	620.00	7212.65	5246.01	1103.60
苗　圃	18.94	18.94	220.33	160.26	33.71
合　计	2708.00	5327.07	61971.43	45073.97	17272.03

通常情况下，平均每人每天需要消耗 O_2 约 0.9kg，呼出 CO_2 约 1.0kg（侯晓等，1992）。仅从城市人口数量上来看，拉萨市园林植物理论上能够消耗 16.98 万人呼出的 CO_2，并满足 13.72 万人需要的 O_2。从大气平衡角度分析，仅按照拉萨市建成区现有人口 25.74 万（非农人口 16.78 万）计算，仍然需要增加 2372.04hm^2 的同组成比例的绿地面积，总量达到 5080.04hm^2，才能够保证 O_2 含量的基本稳定（绿地率 80.89%）。

拉萨市海拔 3658m，空气中相对 O_2 含量仅为 13.45%（即海平面空气中 O_2 含量的 64.35%），因此，从人类宜居条件上来看，空气中相对 O_2 含量成为首要制约因素。若要 20m 高度内的人类活动范围能够达到密闭空间中人体对 O_2 浓度最低允许值（19.5%）的要求（表 1 – 1），需要同组成比例的绿地面积 5590.69hm^2，加上人类生命活动需要的绿地面积，最低需要追加 7962.73hm^2 同组成比例的绿地面积（即拉萨市的绿地率要达到 169.92%）。方案之一是增加乔木的配置，使现有的草地、灌木林均配置为复合型园林林地，相当于绿地面积达到了 9225.54hm^2，但仍然需要增加同组成比例的绿地面积 1445.19hm^2，才能够满足改善空气中相对 O_2 含量的目标。

从《2011 年西藏自治区环境状况公报》中可知：西藏造成轻微污染或轻度污染主要因子为可吸入颗粒物，其原因主要是受冬春季节降水少、气候干燥、大风等自然因素影响，导致空气中浮尘增加；2011 年，全区 7 市镇降尘量平均为 93t/（$km^2 \cdot a$）（西藏自治区环境保护厅，2012）。按照该值计算，拉萨市年降尘量为 5840.4t/a，现有园林绿地已经能够达到滞尘要求。

同时，从《2011 年西藏自治区环境状况公报》中可知：拉萨市功能区环境噪声昼夜等效声级范围为：一类区（以居住、文教机关为主的区域和乡村居住环境）介于 33.2～57.6dB（标准值 45～55dB），昼间超标率为 1.7%，夜间超标率为 5.5%；二类区（居住、商业、工业混杂区）介于 36.7～64.9dB（标准值 50～60dB），昼间超标率为 13.3%，夜间超标率为 31.9%。拉萨市城市道路交通声环境较好（四类区），等效声级介于 47.8～74.3dB（标准值 55～70dB），年均值为 66.3dB，年均值与 2010 年基本持平。测定道路总长度为 52.95km，超标路段为 19.9km，超标率为 40.6%，与 2010 年相比上升了 3.1%。所有噪声值均没有达到有害区，且四类区的噪声超标仅为 4.3dB，说明拉萨市市区的环境噪声较小，属于可控范围（标准值引自《中华人民共和国环境噪声污染防治法》，1996）。

为进一步降低环境噪声值，按照植物对噪声衰减的测量值（表 5-3），建议在居住区、商业区中增加宽度为 10～20m 的落叶阔叶林或者 5～10m 的常绿针叶林（噪声衰减 5～10dB）；在道路两侧增加 20～30m 的落叶阔叶林或 10～20m 的常绿针叶林（噪声衰减 10～15dB）。

此外，从增加空气湿度的角度来看，拉萨市平均空气湿度仅为 35%，与人体适宜环境湿度（45%～75%）差距较大。为提高空气湿度，按照最低环境湿度要求 45% 计算，拉萨市平均空气湿度依然存在 10% 的差距。根据植物增湿的实验测定数据（表 5-9），晴天园林绿地中复合型园林林地内湿度能够比裸露地增加 9.4%，因此，要达到人体适宜环境湿度要求的最佳理想状态是：在拉萨市实现 106.38% 以上的绿地率，且该比例不会随着城市规模的扩大或缩小而变化。因此，提高拉萨市空气湿度的难度极大。

从整体上看，拉萨市园林绿地建设的任务艰巨，需要加强建成区外围的防护林建设以保证城镇生态环境安全。按照达到建成区生态环境中 O_2 自给，且大气中相对 O_2 量达到 19.5% 的要求来看，若在现有绿地中增加乔木的配置，使现有的草坪、灌木林均配置为复合型园林林地，则需要改造 1237.61hm^2 的草坪、灌木林地，并增加 1445.19hm^2 的外围防护林，按照 20 万元/hm^2 的绿地改造费、15 万元/hm^2 的防护林建设费计算，需要建设经费 4.66 亿元（此方案下，建成区绿地率 53.76%，空气相对湿度约为 40%）；若现有城市绿地结构不发生变化，则外围防护林面积至少要达到 7962.73hm²，需要建设经费 11.94 亿元（此方案下，建成区绿地率 74.92%，空气相对湿度约为 42%）。但仅从满足建成区生态环境中 O_2 自给要求来看，则需要增加 2372.04hm² 的同组成比例的绿地面积（此方案下建设经费 3.56 亿元，建成区绿地率 58.72%，空气相对湿度约为 40.5%），或者将现有 46% 的草坪、灌木林均配置为复合型园林林地（此方案下建设经费 1.14 亿元，建成区绿地率、空气相对湿度不发生变化）。

三 拉萨市园林绿地生态服务功能价值评估

从表 6 – 13 中可以看出，拉萨市园林绿地生态服务功能价值已经达到了每年 0.67 亿元，每年绿地生态服务功能价值为 2.46×10^4 元/hm²（2004 年不变价格）。其中，湿地功能位居第一，占 51.63%，其次为林地，占 42.11%，草地以及苗圃地的生态服务功能的价值最低，分别为 5.94%、0.32%。从效益形式来看，气候调节功能最高，其次为水源涵养以及废物处理，表明现有绿地的生态服务功能符合国家生态安全屏障的建设要求。

表 6 – 13 拉萨市园林绿地生态服务功能价值

单位：元

生态系统服务	林地	草地	湿地	苗圃	合计	比例（%）
气体调节	4494223.03	437482.20	987474.00	50285.70	5969464.93	8.96
气候调节	3466727.45	492175.20	9381158.00	33523.80	13373584.45	20.07
水源涵养	4108676.39	437482.20	8503424.00	26819.04	13076401.63	19.62
土壤形成与保护	5007462.95	1066359.00	938122.00	24472.37	7036416.33	10.56
废物处理	1682068.75	716385.60	9973692.00	27489.52	12399635.87	18.61
生物多样性	4186018.00	596061.00	1371564.00	18270.47	6171913.47	9.26
初级生产	3466727.45	191394.60	202988.00	11733.33	3872843.38	5.81
旅游休闲	1643470.56	21877.20	3044758.00	21453.34	4731559.09	7.10
合　计	28055374.58	3959217.00	34403180.00	214047.57	66631819.15	100.00
比例（%）	42.11	5.94	51.63	0.32	100.00	—

从生态服务功能价值上来看，拉萨市拉鲁湿地的生态功能价值是不容质疑的。拉鲁湿地位于拉萨西北城区，是一块生物多样性丰富、海拔最高、面积最大的城市天然湿地，被誉为"拉萨城市之肺""拉萨城市之肾""天然氧吧"。拉鲁湿地现存面积 $620hm^2$，对拉萨市这样缺氧、干燥的高原城市有着举足轻重的作用，它不仅对拉萨市区起着调节气候、增加空气湿度和增加空气中含氧量的作用，是拉萨市民健康的保护神，也是多种高原特有动物和植物的栖息地，更是拉萨市区地表水与地下水之间不断循环的关键纽带；特别是冬春季（即枯水期），当拉萨河、堆龙河水域面积仅为丰水期的1/3，流沙河干枯时，拉鲁湿地植物的蒸腾量对地处干旱环境的拉萨市区空气湿度的改善起到不可替代的作用。基于此，2005年8月拉鲁湿地被列为国家级自然保护区（Zong Hao et al.，2000）。但20世纪60年代中期以来，频繁的人类活动导致了湿地生态环境的退化。1964~1965年在湿地内开挖排水渠、修筑公路，70年代在湿地边沿围耕、基建致使湿地遭受人为干扰，逐渐退化；到80年代初期产草量仍达 $56.4kg/hm^2$，中期，巴尔库建采石场的石块和沙砾阻塞了娘热沟和夺底沟的来水和流沙，致使湿地北面泥沙以每年 $0.67~1.33hm^2$ 的速度入侵湿地。90年代，"3357"工程中干渠的建设极大地改变了湿地的水文状况，但由于该渠只能排，不能灌，直接将湿地70%的水排入拉萨河，使湿地地下水位严重下降，急剧加速了湿地自然植被的减少和荒漠化（宗浩等，2005）。单位面积湿地生态功能价值是复合型园林林地的2.87倍，若改善供水设施并恢复为原来的 $1020hm^2$，则其生态功能价值增加量相当于营造 $1148hm^2$ 的复合型园林林地，才能够满足现阶段拉萨市市区人口对大气中 O_2 含量的平衡需要，从建设资金有效配置的角度来看，其实际意义更大。

此外，生态系统服务功能价值计算中，林地均是自然环境生长的"乔—灌—草"结合的自然环境系统。拉萨市建设的复合型园林林地中，70%以上为"乔—草"复合形式，而且均匀度不够，主要集中在广场绿地中，在道路绿化、单位附属绿地绿化中，仍然以杨柳科植物为主。因此，在拉萨园林建设中，应有意识地进行本地野生植物资源的选育、繁殖与栽培技术研究，丰富特色植物造景材料，开展适于应用的"乔—

灌—草"复合形式研究，在现有"乔—草"复合林地中增加灌木层，并适当更换灌木林、草坪为复合型园林林地（单位面积林地生态服务功能价值为草地的 3.02 倍），形成西藏特色的园林绿地系统，促进拉萨市生态环境质量的进一步提升。

第三节　日喀则市园林绿地生态效益评估

一　日喀则市各类型绿地面积

2012 年，日喀则地区日喀则市市区占地面积 22.1km²，逐步建设形成了城镇绿化系统雏形。建成区绿地总面积 500hm²，其中，已具规模的公园绿地 2 个，其他大小林卡 30 个，草坪面积 142.4hm²（具体见表 6 - 14），建成区绿地率 22.62%。复合型园林林地中，乔木类面积 186.3hm²，以北京杨为主，灌木类面积 23.7hm²，以侧柏、大叶黄杨为主。

表 6 - 14　日喀则市各生态系统类型的面积

类　型	林地	草地	湿地	苗圃	总面积
面积(hm²)	210	142.4	120	27.6	500
比例(%)	42.00	28.48	24.00	5.52	100

二　日喀则市园林绿地生态效益

采用 Lieth 的植物净初级生产力 Thomthwaite Memorial 模型和绿量（园林植物的功能叶片总面积）计算方法进行日喀则市的固碳释氧能力评估，结果见表 6 - 15。

从表 6 - 15 中可以看出，按照选定的估算方法，日喀则市园林绿地每年能够固定 CO_2 14083.76t，释放 O_2 10243.60t，每年每公顷园林绿地释放 O_2 20.49t，年理论滞尘量为 3986.57t，其生态效益的价值可观。

表 6 –15　日喀则市园林绿地生态效益估算

效益估算	绿地面积(hm^2)	叶面积(hm^2)	固定 CO_2(t/a)	释放 O_2(t/a)	滞尘(t/a)
乔木林	186.30	944.54	10572.45	7689.71	3372.01
灌木林	23.70	23.70	265.28	192.95	98.36
草　地	142.40	142.40	1593.91	1159.31	253.47
湿　地	120.00	120.00	1343.19	976.95	213.60
苗　圃	27.60	27.60	308.93	224.70	49.13
合　计	500.00	1258.24	14083.76	10243.60	3986.57

　　从城市人口数量上来看，日喀则市园林绿地理论上能够消耗 3.86 万人呼出的 CO_2，并满足 3.12 万人需要的 O_2。从大气平衡角度分析，仅按照日喀则市非农人口 4.93 万计算，最低需要 790.50hm^2 同组成比例的绿地面积（按照居民 O_2 需求量进行计算），才能够保证市区 O_2 含量的基本稳定；即需要追加同组成比例的绿地面积 290.50hm^2。

　　日喀则市海拔 3836m，相对 O_2 含量为 13.16%（仅为海平面空气 O_2 含量的 62.97%）。若要 20m 高度内的人类活动范围能够达到密闭空间中人体对 O_2 浓度最低允许值 19.5% 的要求（表 1 –1），需要同组成比例的绿地面积 1675.63hm^2，加上人类生命活动需要的绿地面积，最低需要同组成比例的绿地面积 2466.13hm^2，则日喀则市的最佳绿地率要达到 111.59% 以上。若将灌木、草地绿化区域配置为复合型园林林地，现有绿地面积的绿量已经达到了 1786.67hm^2，仍然需要增加绿量 679.46hm^2，才能够达到改善大气中相对 O_2 含量的目标。

　　按照 2011 年全区 7 市镇降尘量平均为 93$t/(km^2 \cdot a)$ 计算，日喀则市年降尘量为 2055.3t，需要现有同组成比例的绿地面积 942hm^2，最低理论缺口值达 442hm^2。当然，日喀则市扬尘天气主要发生在冬、春季节，该时期植物处于休眠期，叶面积最小，因此，实际缺口大于理论数值。

　　此外，从增加空气湿度的角度来看，日喀则市平均空气湿度为 41%，与人体适宜环境湿度（45% ~75%）差距不大。但为提高空气湿度，按照最低环境湿度要求 45% 计算，日喀则市平均空气湿度依然存在 4% 的差距。根据植物增湿的实验测定数据（表 5 –9），晴天园林绿地中复合型园林林地内湿度能够比裸露地增加 9.4%，因此，要达到人体适宜环境湿度要求的最低理想状态是：在日喀则市实现 42.55% 的城市绿化覆盖率或绿量面积为 940hm²，与现有绿量差距为 440hm²。

因此，从固碳释氧、滞尘能力上来看，日喀则市现有绿量上存在差距，最小需要补充量为 290.50hm²，才能达到现有城镇规模对 CO_2 与 O_2 平衡的绿量要求；需要补充绿量 442hm²，才能够满足植物生长期滞尘要求；至少需要补充 440hm² 绿量才能够满足湿度要求。若需要改善环境中 O_2 浓度，达到人体对 O_2 浓度的最低要求值（19.5%），则日喀则市需要将现有的草坪、灌木林配置为复合型园林林地，并增加 679.46hm²，在现有城市规模下，单纯增加绿地率则无法达到要求。

三 日喀则市园林绿地生态服务功能价值评估

从表 6-16 中可以看出，日喀则市园林绿地生态服务功能价值已经为 0.12 亿元，每公顷绿地的生态服务功能价值达到了 2.39 万元（2004年不变价格）。其中，湿地的生态价值最高，占 55.75%，林地其次占 34%，草地、苗圃的生态服务功能价值较低。因此，湿地、林地是日喀则市园林绿地生态功能的主要体现者。同时，从各类型效益形式来看，园林绿地在气候调节、水源涵养、废物处理起着主导性作用（占日喀则市园林绿地生态服务功能总价值的 60.61%），反映了园林绿地的主体功能，也保障了西藏生态环境安全。

表 6-16　日喀则市园林绿地生态服务功能价值

单位：元

生态系统服务	林地	草地	湿地	苗圃	合计	比例（%）
气体调节	650412.00	100804.96	191124.00	73278.00	1015618.96	8.50
气候调节	501711.00	113407.36	1815708.00	48852.00	2479678.36	20.76
水源涵养	594615.00	100804.96	1645824.00	39081.60	2380325.56	19.93
土壤形成与保护	724689.00	245711.20	181572.00	35661.96	1187634.16	9.94
废物处理	243432.00	165070.08	1930392.00	40058.64	2378952.72	19.92
生物多样性	605766.00	137344.80	265464.00	26624.34	1035199.14	8.67
初级生产	501711.00	44101.28	39288.00	17098.20	602198.48	5.04
旅游休闲	237846.00	5040.96	589308.00	31262.52	863457.48	7.23
合　计	4060182.00	912285.60	6658680.00	311917.26	11943064.86	100.00
比例（%）	34.00	7.64	55.75	2.61	100.00	—

日喀则市园林绿地面积为拉萨市的18.46%，但其生态服务功能价值是拉萨市园林生态服务功能价值的17.92%。其主要差异是绿地中的复合型园林林地面积偏少导致的（拉萨53.58%，日喀则42%）。复合型园林林地是城市绿地的形式之一，是城市三维绿量的主要构成。三维绿量又称绿化三维量，是指所有生长植物的茎叶所占据的空间体积。以往经常使用的绿地率、绿化覆盖率、人均绿地面积等绿化指标，是以二维面积为绿地的评估标准，这些指标可统称为二维绿化指标，这些指标在指导城市绿地规划、衡量一个地区绿化的基本状况及落实国家绿化方针政策方面发挥了重要作用。但在城镇面临需要改善的环境效益值较大时，通过二维绿化指标已经无法获得最佳的配置要求，如：在本研究中，若需要20m高度内的人类活动范围能够达到密闭空间中人体对O_2浓度最低允许值19.5%的要求，最低需要绿量为2466.13hm²，日喀则市的最佳绿地率要达到111.59%以上。在这种条件下，只有通过增加三维绿量才能够达到城镇对绿地的指标要求。

此外，日喀则市是西藏传统城镇之一，城区内居住区房屋密度高，城区内的绿地主要以广场绿化、道路绿化、单位附属绿地形式出现，居住区绿地面积比例很少，仅占5%左右，而大量的绿地分布在边缘地带（扎什伦布寺广场、代钦颇章、达热瓦公园、各类郊区林卡等）。因此，尽管日喀则市绿地系统已经初具雏形，但仍然需要进行系统规划，通过适当的拆迁、绿地建设等增加绿地面积，采用城市森林、立体绿化、簇状植树、荒山绿化等方式，增加三维绿量，使绿地进一步满足城镇居民的需要，提高城市绿化水平。其中，簇状植树方式值得在日喀则市推广。

簇状植树是通过高密度种植干形通直、树冠密集、四季常绿的树种，发挥园林植物防风滞尘、固碳释氧等生态功能，并通过适当的整形修建构建适宜的景观效果的一种种植方式；也可称为绿篱式乔木带植，它很适用于小块分散的绿化地。簇状植树不但能够提高三维绿量，更能够很好地发挥绿地的边际效应，从而提高绿地的生态功能。在日喀则市适于簇状种植的树种有：圆柏、高山松、西藏长叶松、长叶云杉等，但为避免形成千篇一律的绿化景观，一定要通过整形、塑形改变树木的自然形态，以提高城市绿化景观的丰富度。

第四节　山南地区泽当镇园林绿地生态效益评估

一　山南地区泽当镇各类型绿地面积

山南地区泽当镇建成区面积 $11.05km^2$。2012 年，泽当镇以滨河绿地建设、道路绿地建设为推动，逐步建设形成了城镇绿化系统雏形，镇内建成区绿地总面积 $148.26hm^2$，其中，林地、草地面积达 $134.15hm^2$，花卉生产繁育基地 2 处，建成区绿地率 17.24%。复合型园林林地中，乔木类面积 $9.78hm^2$，以北京杨、白柳、女贞为主，灌木类面积 $93.97hm^2$，以金边卵叶女贞、红叶石楠、侧柏、紫叶小檗为主。具体见表 6 – 17。

表 6 – 17　山南地区泽当镇各生态系统类型的面积

类　型	林地	草地	湿地	苗圃	总面积
面积(hm^2)	103.75	30.40	12.71	1.40	148.26
比例(%)	69.98	20.51	8.57	0.94	100.00

二　山南地区泽当镇园林绿地生态效益

采用 Lieth 的植物净初级生产力 Thomthwaite Memorial 模型和绿量（园林植物的功能叶片总面积）计算方法进行泽当镇园林绿地的固碳释氧能力评估，结果见表 6 – 18。

表 6 – 18　山南地区泽当镇园林绿地生态效益估算

效益估算	绿地面积(hm^2)	叶面积(hm^2)	固定 CO_2(t/a)	释放 O_2(t/a)	滞尘(t/a)
乔木林	9.78	40.59	459.66	334.32	140.43
灌木林	93.97	93.97	1064.23	774.05	243.38
草　地	30.40	30.40	344.29	250.41	54.11
湿　地	12.71	12.71	143.94	104.70	22.62
苗　圃	1.40	1.40	15.86	11.53	2.49
合　计	148.26	179.07	2027.98	1475.01	463.03

从表 6-18 中可以看出，按照选定的估算方法，山南地区泽当镇园林绿地每年能够固定 CO_2 2027.98t，释放 1475.01t 的 O_2，年理论滞尘量为 463.03t，其生态效益的价值可观。

仅从城市人口数量上来看，泽当镇园林绿地理论上能够消耗 0.56 万人呼出的 CO_2，并满足 0.45 万人需要的 O_2。从大气平衡角度分析，仅按照泽当镇镇区 2.98 万人口计算，仍然需要增加 835.70hm^2 同组成比例的绿地面积，总量达到 983.96hm^2，才能够保证镇区 O_2 含量的基本稳定（绿地率达到 89.05%）。

泽当镇海拔 3551.7m，相对 O_2 量为 13.62%（为海平面空气中 O_2 含量的 65.17%），若在 20m 高度内的人类活动范围能够达到密闭空间中人体对 O_2 浓度最低允许值 19.5% 的要求（表 1-1），差值为 5.88%，需要绿量 1599hm^2，加上人类生命活动需要的绿地面积，最低需要 2582.96hm^2 同组成比例的绿地面积（即泽当镇的绿地率要达到 233.75% 以上）。若使现有的草地、灌木林均配置为复合型园林林地，绿量能够达到 556.72hm^2，则需要再增加与现有绿地同组成比例的绿地 2012.14hm^2，才能够满足改善大气中 O_2 含量的目标。因此，急需通过提高叶面积参数、扩充单纯用于绿化的城镇面积以达到环境保护的目的。

《2011 年西藏自治区环境状况公报》显示，全区 7 市镇降尘量平均为 93t/（km^2·a）。按照该值计算，泽当镇年降尘量为 1027.65t，需要同组成比例的绿地面积 329.04hm^2，即至少需要追加 180.78hm^2 的园林绿地才能够达到滞尘要求。

此外，从增加空气湿度的角度来看，泽当镇平均空气湿度为 43%，与人体适宜环境湿度（45% ~ 75%）有一定差距。为提高空气湿度，按照最低环境湿度要求 45% 计算，泽当镇平均空气湿度依然存在 2% 的差距。根据植物增湿的实验测定数据（表 5-9），晴天园林绿地中复合型园林林地内湿度能够比裸露地增加 9.4%，因此，要达到人体适宜环境湿度要求的最佳理想状态是：在泽当镇实现 21.28% 的绿地率（同组成比例绿地面积 235.14hm^2），即需要增加同组成比例的绿地面积 88.88hm^2。

因此，从目前山南地区人居生态环境条件要求来看，按照现有的绿地组成比例计算，若要达到人体对空气湿度的最低要求，最低需要绿地

面积为 235.14hm^2；若要达到密闭空间中人体对 O$_2$ 浓度最低允许值
（19.5%）要求，最低需要绿地面积 1599hm^2；从年降尘量来看，最低需
要绿地面积为 329.04hm^2；若要达到现有城镇规模对 CO$_2$ 与 O$_2$ 平衡的绿
量要求，需要绿地面积 983.96hm^2；若需要改善环境中 O$_2$ 浓度，并达到
人体对 O$_2$ 浓度的最低要求值，最低需要绿地面积为 2582.96hm^2，绿地面
积最大缺口为 2434.70hm^2，即泽当镇需要将现有的草坪、灌木林配置为
复合型园林林地，并增加与现有绿地同组成比例的绿地面积 2012.14hm^2，
在现有城市规模下，单纯增加绿地率已经无法达到要求。

解决的理想状态是：在泽当镇现有规模上，城镇面积增加
2012.14hm^2，并全部用于绿化建设才能够达到理想的生态环境效益平衡
条件。因此，泽当镇周边荒山山体绿化非常重要。

三　山南地区泽当镇园林绿地生态服务功能价值评估

山南地区是西藏自治区唯一的全国防沙治沙地级综合示范区。泽当
镇按照"城郊森林化、城区园林化、单位花园化"的目标要求，已经进
行了贡布日山山体绿化 80hm^2，民族路、格桑路等路段绿化补植 61594
株，修建绿篱 2.58hm^2，进一步美化了城镇环境，实现了公共绿地、单位
附属绿地、居住区绿地等绿化的进一步发展。

泽当镇是西藏第一个全国文明集镇。城镇建设过程中，一直秉承地
方特点的发展。如：在"康珠特色街"建设中，通过借鉴藏式建筑风格，
综合分析了泽当镇水文化、宗教文化、农耕文化、建筑文化的特点，构
建形成了"一轴、三中心、五珠、七段"的整体空间布局（王波等，
2004）。即：（1）"一轴"是以雅砻河为景观轴线，串连城市节点，成为
城镇中心景观轴；并通过对街区采取后退处理的办法，沿河设置景观绿
化带，创造了滨河的连续带状开放空间系统；在河的中部架桥，使雅砻
河的自然气息向商业区渗透，改善区域内的小气候，提高环境质量。
（2）"三中心"指康珠特色街三个主要的景观节点：①北部入口处的
"青稞文化广场"，其设计围绕山南地区的农耕文化展开，是城市的生态
界面。②中部的"曼陀罗中心广场"主题广场，是整条特色街的视觉中
心和活动中心，广场两边各设一个树阵形成园林绿地。③街区南入口的

"雍布拉康文化广场",在步行道的交叉处设置"景观盒"(类似于观光塔,但尺度比观光塔小),并使之成为广场的主景,游人可在"景观盒"内的观光平台上观景。(3)"五珠"系指康珠特色街的南端和北端、南段和北段的转折处及中部设置五处供行人休憩的广场。(4)"七段"指康珠特色街的建筑在总体布局上为中心对称式,分为七段:商业风情区南段和北段、文化休闲区南段和北段、文化休闲过渡区南段和北段、中心广场段。整个设计中,建筑相对集中,紧凑布置,保留了自然地貌,丰富了城市绿地景观,并为旅游业所需的停车场地、活动广场等留出空间。此后,位于白日街区的"藏源民族村"景观工程建设项目也延续了这些设计思想,使泽当镇规划整体思路明确,不但改善人居环境和山南地区的城市面貌,也弘扬了藏民族特色文化,促进了当地商贸、旅游事业复兴,使之在城市居住建筑、商业发展和景观塑造各方面都成为整个城镇的精华(徐子麒等,2010)。

表 6 - 19　山南地区泽当镇园林绿地生态服务功能价值

单位:元

生态系统服务	林地	草地	湿地	苗圃	合计	比例(%)
气体调节	321334.50	21520.16	20243.22	3717.00	366814.88	12.55
气候调节	247869.13	24210.56	192313.74	2478.00	466871.43	15.98
水源涵养	293768.13	21520.16	174320.19	1982.40	491590.88	16.83
土壤形成与保护	358030.88	52455.20	19231.50	1808.94	431526.52	14.77
废物处理	120267.00	35239.68	204460.69	2031.96	361999.33	12.39
生物多样性	299277.25	29320.80	28117.06	1350.51	358065.62	12.26
初级生产	247869.13	9414.88	4161.25	867.30	262312.56	8.98
旅游休闲	117507.25	1076.16	62417.54	1585.78	182586.73	6.25
合　计	2005923.27	194757.60	705265.19	15821.89	2921767.95	100.00
比例(%)	68.65	6.67	24.14	0.54	100.00	—

从表 6 - 19 中可以看出,山南地区泽当镇园林绿地生态服务功能价值已经达到了 0.029 亿元,每公顷绿地的生态服务功能价值 1.97 万元(2004 年不变价格)。其中,林地的生态价值最高,占 68.65%,湿地其次占 24.14%,草地、苗圃的生态服务功能价值较低。对照拉萨市单位面

积园林绿地生态服务功能价值，泽当镇园林绿地生态服务功能价值相对偏少，需要从园林植物功能上进一步调整植物配置模式。从生态服务功能价值上来看，山南地区泽当镇园林绿地生态服务功能价值主要为水源涵养、气候调节以及土壤形成与保护等，三项合计占总价值的47.58%。而泽当镇现有的绿地规模（148.26hm²）与其绿地需求（2582.96hm²）之间的差异极大，若泽当镇的绿地量达到2582.96hm²，按照现有组成比例的绿地计算，届时泽当镇园林绿地生态服务功能价值将达到0.51亿元。

当然，泽当镇周边已经建设的372hm²防沙治沙综合示范区林地以及80hm²的贡布日山山体绿化林地已经是泽当镇绿地生态的重要贡献者，可以在后期结合景观改造，发展为新型的城镇园林绿地。同样，随着城镇的不断扩张，泽当镇周边其他荒山绿化林地、农田防护系统林地也可以通过同样的方式发展成为城镇园林绿地。若纳入这些区域的绿地面积，泽当镇绿量已经达到2054.87hm²（因栽植树木处于幼年期，叶面积参数 R 按照成年期植物的1/3计算），已经能够满足城镇生态环境发展的需要。

第五节　林芝地区八一镇园林绿地生态效益评估

一　林芝地区八一镇各类型绿地面积

2012年，林芝地区八一镇建成区面积11.7km²，绿化总面积636.78hm²，绿地率40.82%，绿化覆盖率达到41.95%。其中，公共绿地面积337.79hm²，人均公共绿地面积30.72m²，生产绿地面积78hm²，占建成区面积的17.37%。复合型园林林地中，乔木类面积392.60hm²，以高山松、女贞、雪松为主，灌木类面积128.64hm²，以大叶黄杨、金边卵叶女贞、紫叶小檗为主。具体见表6-20。

表6-20　林芝地区八一镇各生态系统类型的面积

类　　型	林地	草地	湿地	苗圃	总面积
面积(hm²)	392.60	128.64	37.54	78.00	636.78
比例(%)	61.65	20.20	5.90	12.25	100

二　林芝地区八一镇园林绿地生态效益

采用 Lieth 的植物净初级生产力 Thomthwaite Memorial 模型和绿量（园林植物的功能叶片总面积）计算方法进行八一镇园林绿地的固碳释氧能力评估，结果见表 6 - 21。

表 6 - 21　林芝地区八一镇园林绿地生态效益估算

效益估算	绿地面积（hm²）	叶面积（hm²）	固定 CO_2（t/a）	释放 O_2（t/a）	滞尘（t/a）
乔木林	107.64	486.53	6702.05	4874.64	1975.32
灌木林	284.96	284.96	3925.36	2855.05	561.37
草　地	128.64	128.64	1772.03	1288.86	228.98
湿　地	37.54	37.54	517.12	376.12	66.82
苗　圃	78.00	78.00	1074.46	781.49	138.84
合　计	636.78	1015.67	13991.02	10176.16	2971.33

从表 6 - 21 中可以看出，按照选定的估算方法，八一镇园林绿地每年能够固定 CO_2 13991.02t，释放 10176.16t 的 O_2，年理论滞尘量为 2971.33t，其生态效益的价值可观。

从城市人口数量上来看，八一镇园林绿地理论上能够消耗 3.83 万人呼出的 CO_2，并满足 3.10 万人需要的 O_2。从大气平衡角度分析，按照八一镇非农人口 3.50 万人计算，仅需要增加同组成比例的绿地 82.68hm²，就能够保证建成区 O_2 含量的基本稳定。

八一镇海拔 3000m，相对 O_2 量为 14.49%（约为海平面空气中 O_2 含量的 69.33%）。若需要 20m 高度内的人类活动范围能够达到密闭空间中人体对 O_2 浓度最低允许值 19.5% 的要求，需要同组成比例的绿地 898.01hm²，若按照现有的绿地组成比例，则现有人口规模下，八一镇的最佳绿地量为 1617.47hm²，即绿地率要达到 138.25% 以上。

按照 2011 年全区 7 市镇降尘量平均为 93t/（km²·a）计算，八一镇年降尘量为 1088.1t，现有绿地滞尘能力是降尘量的 2.73 倍，已经能够满足植物滞尘的需要。当然，八一镇扬尘天气主要发生在冬、春季节，该时期植物处于休眠期，叶面积最小，因此，实际需求肯定大于理论数值。

此外，从增加空气湿度的角度来看，八一镇平均空气湿度为71%，处于人体适宜环境湿度（45%～75%）范围内，故对植物增湿效益要求不高。

因此，八一镇现有城镇仅需要增加同组成比例的绿地82.68hm²，就能够满足人类活动所消耗O_2量需求，达到大气中CO_2和O_2基本平衡。但在现有城镇规模条件下，若需要改善环境中O_2浓度，达到人体对O_2浓度的最低要求值（19.5%），则八一镇另外需要增加同组成比例的绿地898.01hm²，或将现有组成比例的绿地率提高到138.25%以上，最经济的做法是改变现有绿篱、灌木林、草地的植物配置模式，增加乔木用量，提高绿地绿量（最高绿量可达2471.54hm²）。

三 林芝地区八一镇园林绿地生态服务功能价值评估

从表6-22中可以看出，八一镇园林绿地生态服务功能价值已经达到了0.12亿元，每公顷绿地的生态服务功能价值1.93万元（2004年不变价格）。其中，林地的生态价值最高，占61.65%，草地其次，占20.20%，苗圃、湿地的生态服务功能价值较低，两者总计占18.15%。同时也发现，八一镇园林绿地生态服务功能价值中，土壤形成与保护功能价值最高，占17.85%，气体调节价值占16.02%，解释了近年来八一镇环境质量明显提高的主要原因；而旅游休闲价值仅占5.86%，这与八一镇周边大量分布的原始森林的旅游休闲价值不符，需要继续加大力度开展园林绿地建设，尤其是绿地系统的植物配置模式研究，以促进园林绿地的旅游休闲价值。

表6-22 林芝地区八一镇园林绿地生态服务功能价值

单位：元

生态系统服务	林地	草地	湿地	苗圃	合计	比例（%）
气体调节	1215960.72	398423.81	116268.89	241581.60	1972235.02	16.02
气候调节	937960.66	307333.82	89686.81	186349.80	1521331.09	12.36
水源涵养	1111646.90	364244.16	106294.51	220857.00	1803042.57	14.65
土壤形成与保护	1354823.34	443923.78	129546.79	269170.20	2197464.11	17.85

续表

生态系统服务	林地	草地	湿地	苗圃	合计	比例(%)
废物处理	455101.92	149119.49	43516.37	90417.60	738155.38	6.00
生物多样性	1132493.96	371074.94	108287.88	224998.80	1836855.58	14.92
初级生产	937960.66	307333.82	89686.81	186349.80	1521331.09	12.36
旅游休闲	444658.76	145697.66	42517.80	88342.80	721217.02	5.86
合　计	7590606.92	2487151.48	725805.86	1508067.60	12311631.86	100.00
比例(%)	61.65	20.20	5.90	12.25	100.00	—

八一镇湿地生态服务功能价值较低的主要原因是湿地面积小，而八一镇外围的巴结湿地还没有划入建成区内。但2012年已经开始规划八一镇湿地公园占地面积35hm^2，将进一步提升其生态服务功能，达到2.04万元/hm^2。

第六节　昌都地区昌都镇园林绿地生态效益评估

一　昌都地区昌都镇各类型绿地面积

2012年，昌都地区昌都镇建成区面积8.60km^2，绿化总面积121.8hm^2，绿地率14.16%。复合型园林林地中，乔木类面积43.93hm^2，以白柳为主，灌木类面积16.98hm^2，以大叶黄杨、紫叶小檗、金边卵叶女贞为主。具体见表6-23。

表6-23　昌都地区昌都镇各生态系统类型的面积

类　型	林地	草地	湿地	苗圃	总面积
面积(hm^2)	60.91	36.67	5.60	18.62	121.80
比例(%)	50.01	30.11	4.60	15.29	100.00

二　昌都地区昌都镇园林绿地生态效益

采用Lieth的植物净初级生产力Thomthwaite Memorial模型和绿量

（园林植物的功能叶片总面积）计算方法进行昌都镇园林绿地的固碳释氧能力评估，结果见表6-24。

表6-24　昌都地区昌都镇园林绿地生态效益估算

效益估算	绿地面积（hm²）	叶面积（hm²）	固定CO_2（t/a）	释放O_2（t/a）	滞尘（t/a）
乔木林	43.93	157.27	1928.77	1402.86	570.89
灌木林	16.98	16.98	208.24	151.46	33.45
草　地	36.67	36.67	449.73	327.10	65.27
湿　地	5.60	5.60	68.68	49.95	9.97
苗　圃	18.62	18.62	228.36	166.09	33.14
合　计	121.80	235.14	2883.78	2097.46	712.72

从表6-24中可以看出，按选定的估算方法，昌都镇园林绿地每年能够固定CO_2 2883.78t，释放2097.46t的O_2，年理论滞尘量为712.72t，其生态效益的价值可观。

从城市人口数量上来看，昌都镇园林绿地理论上能够消耗0.79万人呼出的CO_2，并满足0.64万人需要的O_2。从大气平衡角度分析，仅按照昌都镇5.3万人计算，最低需要同组成比例的绿地面积1011.03hm²（按照居民O_2需求量进行计算），才能够保证建成区O_2含量的基本稳定，即需要追加绿量889.23hm²。

昌都镇海拔3240.7m，相对O_2量为14.05%（仅为海平面空气中O_2含量的67.22%）。若要20m高度内的人类活动范围能够达到密闭空间中人体对O_2浓度最低允许值19.5%的要求，需要同组成比例的绿地666.31hm²，加上人类生命活动需要的绿地，最低需要同组成比例的绿地1677.34hm²，若按照现有的绿地组成比例，则昌都镇的最佳绿地率要达到195.04%。且若将全部绿化区域都配置为复合型园林林地，现有绿地面积的绿量也只有373.56hm²，因此，在现有城镇规模下，昌都镇无法达到改善大气中O_2含量的目标。

按照2011年全区7市镇降尘量平均为7.75t/(km²·a)计算，昌都镇年降尘量为799.80t，需要现有同组成比例的绿地面积136.68hm²，最低理论缺口14.88hm²。由于昌都镇扬尘天气主要发生在冬、春季节，该时期植物处于休眠期，叶面积最小，因此，实际缺口大于理论数值。

此外，从增加空气湿度的角度来看，昌都镇平均空气湿度为 50%，处于人体适宜环境湿度之间（45% ~ 75%），该项对绿地生态效益要求不高。

因此，从固碳释氧、滞尘能力上来看，昌都镇现有绿量上存在差距，最小需要补充同组成比例的绿地面积 14.88hm²，才能够满足植物生长期滞尘要求；需要补充同组成比例的绿地面积 889.23hm²，才能达到现有城镇规模对 CO_2 与 O_2 平衡的绿量要求；若需要改善环境中 O_2 浓度，达到人体对 O_2 浓度的最低要求值（19.5%），则最低需要同组成比例的绿地面积 1677.34hm²，在现有城镇规模下，单纯增加绿地率则无法达到要求。

三　昌都地区昌都镇园林绿地生态服务功能价值评估

从表 6 - 25 中可以看出，昌都镇园林绿地生态服务功能价值已经达到了 0.019 亿元，每公顷绿地的生态服务功能价值 1.59 万元（2004 年不变价格）。其中，林地的生态价值最高，占 60.90%，湿地其次，占 16.07%，草地、苗圃的生态服务功能价值较低，两者总计占 23.03%。同时也发现，生态效益中，土壤形成与保护占 15.82%，水源涵养占 15.60%，说明昌都镇当前的园林绿化工作仍然以促进土壤肥力形成以及水土涵养为主体，而在旅游休闲、初级生产方面仍然具有很大的提升空间。

表 6 - 25　昌都地区昌都镇园林绿地生态服务功能价值

单位：元

生态系统服务	林地	草地	湿地	苗圃	合计	比例（%）
气体调节	188650.45	25958.69	8919.12	49436.10	272964.36	14.12
气候调节	145520.08	29203.99	84733.04	32957.40	292414.51	15.12
水源涵养	172466.67	25958.69	76805.12	26365.92	301596.40	15.60
土壤形成与保护	210194.32	63274.09	8473.36	24058.90	306000.67	15.82
废物处理	70606.87	42507.86	90084.96	27025.07	230224.76	11.91
生物多样性	175700.99	35368.22	12388.32	17961.78	241419.31	12.48
初级生产	145520.08	11356.70	1833.44	11535.09	170245.31	8.80
旅游休闲	68986.67	1298.12	27501.04	21090.87	118876.70	6.15
合　计	1177646.12	234926.36	310738.40	210431.14	1933742.02	100.00
比例（%）	60.90	12.15	16.07	10.88	100.00	—

第七节　藏中南城镇绿地定额预算

西藏高原是青藏高原的主体，有"世界屋脊"和"世界第三极"之称，是世界上独特的生态地域单元，发育着除海洋生态系统以外的几乎所有的陆地生态系统，多种生态系统类型的多种生态服务功能综合作用，构成了对周边地区和国家具有重大影响的生态安全屏障。研究西藏生态功能价值，须站在"世界屋脊"的高度上认识西藏生态安全的重要性，必须从国家层面上来维护西藏的生态安全（钟祥浩等，2008）。因此，西藏自治区坚持将生态环境的保护作为经济社会发展的先决条件，加大投入，加强管理，密切监测。园林绿地是城市生态环境系统中的唯一生态产品生产者，而且，西藏城镇主要集中在高海拔高寒地区的河谷地带，环境因子和国内其他省份差异极大。因此，西藏城镇绿地定额值得探究。

拉萨市、日喀则地区日喀则市、山南地区乃东县泽当镇、林芝地区八一镇均处于《全国主体功能区规划（2010）》中西藏唯一的"国家层面重点开发区域"（藏中南地区）内。《全国主体功能区规划（2010）》明确提出要建设"以拉萨为中心，以青藏铁路沿线、'一江两河'流域（雅鲁藏布江中游、拉萨河和年楚河下游）以及尼洋河中下游等地区城镇为支撑的空间开发格局"。

藏中南地区是西藏人口最为集中的地方，是生态产品需求最集中的区域。为保证该区域在生态安全条件下实现藏中南地区经济的发展，就需要建设足量的绿地，在高寒条件下满足城镇的发展。这是建设"富裕西藏、和谐西藏、幸福西藏、法治西藏、文明西藏、美丽西藏"的必然，也是2020年西藏和其他省份一同全面建成小康社会的重要保证。

一　城镇绿地定额指标的确定

园林植物的生态效益包括改善碳氧平衡、降温增湿、减尘滞尘、杀菌减菌及吸收有毒气体、净化空气等很多方面。西藏高原环境中，高寒缺氧、空气干燥，且藏中南地区城镇依"一江两河"流域集中分布，是冬春河谷风沙危害重点区域之一。河谷风携带风沙量大，成为制约藏中南地区环境改善、招商引资发展绿色经济的主要限制因素。而《国家园林城市标准》（2010）、《国家园林县城标准》（2006）、《国家园林城镇标准》（2012）均把建成区绿地率作为评价否决项，因此，需要将建成区绿地率列入定额指标中。综合以上分析，本绿地定额预算中，以园林植物固碳释氧、增加空气湿度（降温增湿效应）、减尘滞尘效应、建成区绿地率等四个重点指标进行藏中南城镇绿地定额的估算。

二　绿地定额指标计算方式

尽管藏东南各城镇园林植物的种类选择及植物配置依然存在一定的问题，但现有的园林建设成效已经奠定了城镇绿地的基本格局，因此，在绿地定额计算过程中，各城镇的绿地组成以现有绿地组成为依据。

（一）固碳释氧效应绿地定额（Q_1）

园林植物通过光合作用固定太阳能，吸收 CO_2，并释放大量 O_2，对维护城市碳氧平衡有重要作用。在现代化的城镇中，人口密集，高楼如林，如果没有绿色植物的保护，空气中的 CO_2 不断增加，O_2 比例降低，就会给人的身心健康带来巨大损害。在海拔高、空气稀薄的青藏高原，植物制造 O_2 的生态功能显得尤为重要。植物固碳释氧能力由吸收 CO_2 与释放 O_2 两部分组成，前者为固碳能力，后者为释氧能力。由于不支持高碳排放工业的发展，且大量使用清洁能源，目前人均年碳排放仅为 2.2t，因此，可以根据每人每天呼吸产生的 CO_2 量以及生产生活的碳排放量进行固碳定额的估算。而释氧需求量又包括两方面，即：各城镇建成区人口需要消耗 O_2 量和高海拔导致的空气中 O_2 含量需求的提升量（尽管空气中 O_2 浓度与不同海拔的空气密度直接相关），因此，分别用人口需求释氧绿地定额、自然需求释氧绿地定额两部分来表述以上两种情况需要增加的绿地量。

同时，藏中南地区 95% 以上的建筑物楼层高度在 5 层以下，因此，在自然需求释氧绿地定额计算时，假设以建成区范围内、20m 高度区间为密闭空间理想模型。对照密闭空间中 O_2 浓度对人体及环境的影响与病症要求（见表 1 - 1），空间中最低 O_2 浓度值取值 19.5%。

此外，为便于横向比较，空气密度以海平面处空气密度为基础指标。

综合以上分析，园林植物固碳释氧需求绿地定额的计算公式由以下三个公式组成：

$$人口需求固碳绿地定额(Q_{1C})(hm^2) = \frac{建成区常住人口 \times [1/1000 \times 365]}{现有绿地单位面积固碳量}$$

（公式 6 - 5）

式中：（1）建成区常住人口为城区户籍人口和城区暂住人口之和（人）；

（2）1 为人均每天呼出 CO_2 量〔$kg/(人 \cdot d)$〕；

（3）现有绿地单位面积固碳量为城镇现有绿地组成比例下的每公顷绿地固碳量平均值〔$t/(hm^2 \cdot a)$〕；

（4）人口需求固碳绿地定额简称为"固碳定额"。

$$人口需求释氧绿地定额(Q_{1O})(hm^2) = \frac{建成区常住人口 \times [0.9/1000 \times 365]}{现有绿地单位面积释氧量}$$

（公式 6 - 6）

式中：（1）建成区常住人口为城区户籍人口和城区暂住人口之和（人）；

（2）0.9 为人均每天呼吸消耗 O_2 量〔$kg/(人 \cdot d)$〕；

（3）现有绿地单位面积释氧量为城镇现有绿地组成比例下的每公顷绿地释氧量平均值〔$t/(hm^2 \cdot a)$〕；

（4）人口需求释氧绿地定额简称为"释氧定额"。

$$自然需求释氧绿地定额(Q_{1p})(hm^2) = \frac{建成区面积 \times 10^6 \times 20 \times [19.5\% - 估算地 O_2 浓度] \times 1.225}{现有绿地单位面积释氧量 \times 1000}$$

（公式 6 - 7）

式中：（1）建成区面积为城镇现有规模面积（km^2）；

（2）20 为城镇主要人类活动空间高度（m）；

（3）19.5% 为密闭空间要求空间中最低 O_2 浓度比值；

（4）1.225 为海平面处空气密度（kg/m^3）；

（5）现有绿地单位面积释氧量为城镇现有绿地组成比例下的每公顷绿地释氧量平均值〔$t/(hm^2 \cdot a)$〕；

（6）当估算地 O_2 浓度 $\geq 19.5\%$ 时，认为自然需求释氧绿地为 0，即：不需要绿地释氧以补充大气中的含氧量；

(7) 自然需求释氧绿地定额简称为"缺氧定额"。

（二）降温增湿效应绿地定额（Q_2）

园林植物是气温和地温的"调节器"。城镇绿化建设中，大量应用的园林植物能缓和阳光的热辐射，使酷热的天气降温、失燥，给人以舒适的感觉。而且，城镇绿地率、绿化覆盖率对气温有明显的影响。

西藏气候的整体特点是"长冬无夏、春秋相连"，夏季气温仅为30℃左右，在降温功能上要求不高；而从年平均空气相对湿度上来看，除林芝、昌都以外，拉萨、日喀则、山南地区行署所在地均需要通过园林植物改善湿度环境，但不推荐在西藏大面积种植常绿树种，以保证冬季气温的需要。根据植物增湿的实验测定数据（表5－9），晴天园林绿地中复合型园林林地内湿度能够比裸露地增加9.4%；且园林植物增湿效益的主要受益者为城镇居民；因此，增湿效益的增湿目标为人体适宜环境湿度范围，即：45%～75%人体适宜最低环境湿度值为目标。

增湿需求绿地定额（简称"增湿定额"）计算公式如下：

$$增湿需求绿地定额(hm^2) = [45\% - 平均空气湿度(\%)]/9.1\% \times 建成区面积 \times 100$$

（公式6－8）

式中：（1）当平均湿度大于45%时，认为增湿需求绿地定额为0，即：不需要专门增加绿地面积以满足增湿需求；

（2）45%为人体适宜最低环境湿度；

（3）9.1%为园林绿地中复合型园林林地内湿度能够比裸露地增加值；

（4）建成区面积为城镇现有规模面积（km^2）。

（三）减尘滞尘效应绿地定额（Q_3）

园林植物之所以能降低大气粉尘污染，一方面由于枝冠茂密，具有减低风速的重要作用，随着风速减慢，空气中一部分大颗粒沉降下来；另一方面是由于叶表面吸附的结果。植物叶片由于其表面特性和本身的湿润性使得植物具有很大的滞尘能力，从而尘埃状的粉尘等污染物质能被植物叶片吸附、滞留。粉尘被枝叶表面保留一段时间后，经雨水冲刷落地，枝叶表面又恢复滞尘能力，这对城镇大气的净化发挥了巨大作用。

不同园林植物的减尘滞尘能力不同，园林植物所组成的不同类型绿地减尘滞尘能力差异也较大。因此，园林植物的减尘滞尘效应绿地定额的计算方式参照第六章进行，各城镇降尘量按照《2011 年西藏自治区环境状况公报》中平均滞尘量计算。

减尘滞尘效应绿地定额（简称"滞尘定额"）计算公式如下：

$$减尘滞尘效应绿地定额(hm^2) = \frac{建成区面积 \times 93}{单位面积绿地滞尘量} \qquad （公式6-9）$$

式中：（1）建成区面积为城镇现有规模面积（km^2）；

（2）93 为《2011 年西藏自治区环境状况公报》中西藏重点城镇平均降尘量 $[t/(km^2 \cdot a)]$；

（3）单位面积绿地滞尘量为现有绿地组成比例下的每公顷绿地滞尘量 $[t/(km^2 \cdot a)]$，测算方法见表6-5。

（四）建成区绿地率绿地定额（Q_4）

建成区范围指建成区外轮廓线所能包括的地区，也就是城镇实际建设用地所达到的范围。一般来说，城镇的建成区范围要大于建设用地范围。衡量建成区绿化效果常见有两个指标：建成区绿化覆盖率和建成区绿地率。

1. 建成区绿化覆盖率

建成区绿化覆盖率是《国务院关于加强城市绿化建设的通知》以及相关城市园林绿化、生态环境评价中的重要指标；是指建成区范围内，植物的垂直投影面积占该用地总面积的百分比，即：绿化覆盖面积占该用地总面积的百分比。绿化覆盖面积是指城市中乔木、灌木、草坪等所有植被的垂直投影面积，包括屋顶绿化植物的垂直投影面积以及零星树木的垂直投影面积，即：包括各类绿地（公共绿地、居住区绿地、单位附属绿地、防护绿地、生产绿地、风景林地六类绿地）的实际绿化种植覆盖面积（含树冠展开的面积和被绿化种植包围的水面）、街道绿化覆盖面积、屋顶绿化覆盖面积以及零散树木的覆盖面积，但乔木树冠下的灌木和草本植物不能重复计算。这些面积数据可以通过遥感、普查、抽样调查估算等方法来获得。计算公式如下：

$$建成区绿化覆盖率 = \frac{建成区所有植被的垂直投影面积}{建成区面积} \times 100\%$$

$$（公式6-10）$$

式中：（1）建成区面积为城镇现有规模面积（km²）；

（2）建成区所有植被的垂直投影面积通过遥感、普查、抽样调查估算等方法来获得（km²）。

2. 建成区区绿地率的纷争

建成区绿地率是考核城镇园林绿地规划控制水平的重要指标。《国务院关于加强城市绿化建设的通知》以及相关城镇园林绿化、生态环境的评价中，建成区绿地率均作为重要指标。"绿地率"源于《城市居住区规划设计规范》（GB50180 - 2002），是衡量居住区环境质量的重要标志。原定义为"住区用地范围内各类绿地面积的总和占居住区用地面积的比率（%）。根据《城市绿化规划指标的规定》（建城发〔1993〕784 号），绿地包括：公共绿地、宅旁绿地、公共服务设施所属绿地和道路绿地（即道路红线内的绿地），其中包括满足当地植树绿化覆土要求、方便居民出入的地下或半地下建筑的屋顶绿地，不应包括屋顶、晒台的人工绿地"。具体计算中，块状、带状绿地要求宽度不小于 8m，面积不小于 400m²，该用地范围内的绿化面积不少于总面积的70%（含水面），且至少要有1/3绿地面积能常年受到直接日照，并要增设部分休闲娱乐设施；宅旁绿地等庭院绿地面积，在设计计算时也要求距建筑外墙 1.5m 和道路边线 1m 以内的用地，不得计入绿化用地，且"绿地率新区建设不应低于30%；旧区改建不宜低于25%"。此外，根据《浙江省城市绿地植物配置技术规定》（浙建城发〔2002〕221 号），几种情况需计入绿地率的绿化面积，地下车库、地下建筑覆土顶面高相对设计室外地坪标高不大于1m，平均覆土厚度不小于1m，乔、灌木种植面积比例一般应不低于绿地面积的70%，绿地率按100%计；平均覆土厚度小于1m，灌土及地被配置为主，绿地率按30%折算。其余屋顶绿化绿地率按绿地面积的20%折算（铺装地摆盆花不列入内）。

建成区绿地率是居住区绿地率的拓展，应该是《城市绿化条例》(1992)、《城市绿化规划建设指标的规定》（建城发〔1993〕784 号）中指的概念，即：城市各类绿地（含公共绿地、居住区绿地、单位附属绿地、防护绿地、生产绿地、风景林地等六类）总面积占城市面积的比率。

但《城市绿地分类标准》（CJJ/T85 - 2002）与《城市用地分类与规划建设用地标准》（GB50137 - 90）中的城市用地分类相对应，将城市绿地六种类型改为"公园绿地、生产绿地、防护绿地、附属绿地、其他绿地"五类。其中，将"公共绿地"改为"公园绿地"，并将"居住区公园"和"小区游园"归属"公园绿地"，在城市绿地指标统计时不再作为"居住绿地"计算。将居住区绿地整合入"附属绿地"，"风景林地"拓展为"其他绿地"。（值得注意的是，《城市用地分类与规划建设用地标准》（GB50137‐2011）中将城市建设用地中的 G 类绿地划分为公园绿地、防护绿地、广场用地三类，两个标准之间依然没有很好地统一。）

3. 其他绿地

"其他绿地"是指对城市环境质量、居民休闲生活、城市景观和生物多样性保护有直接影响的绿地，包括风景名胜区、水源保护地、郊野公园、森林公园、自然保护区、风景林地、城市绿化隔离带、野生动植物园、湿地、垃圾填埋场恢复绿地等。因此，在城镇绿地估算中，城镇绿地率指标可以纳入在城镇建成区内并与城镇建设用地毗邻的风景名胜区、水源保护地、郊野公园、森林公园、自然保护区、风景林地、城镇绿化隔离带、野生动植物园、湿地、垃圾填埋场恢复绿地等，但《城市园林绿化评价标准》（GB/T 50563‐2010）中也规定"纳入绿地率计算的'其他绿地'应在城市建成区内并与城市建设用地毗邻"，但对纳入统计的"其他绿地"面积，规定"不应超过建设用地内各类城市绿地总面积的 20%"，是"为了避免因统计'其他绿地'而削弱了对城市建设用地内绿地建设面积的控制"。

4. 建成区绿地率

综合上述分析，因《国家园林城市标准》（2010）、《国家园林县城标准》（2006）、《国家园林城镇标准》（2012）均按照《城市园林绿化评价标准》（GB/T50563‐2010）评价绿地率，因此，建成区绿地率的计算依照《城市园林绿化评价标准》（GB/T50563‐2010）进行计算，即：建成区各类绿地面积与建成区面积的百分率，并具有以下要求：（1）历史文化街区面积超过建成区 50% 以上的城市，评价时本标准下调两个百分点；（2）纳入绿地率计算的"其他绿地"应在城市建成区内并与城市建设用地毗邻，但对纳入统计的"其他绿地"面积，不超过建设用地内各类城市绿地总面积的 20%；（3）建设用地外的河流、湖泊等水面积不计入绿地面积。

计算公式如下：

$$建成区绿化覆盖率 = \frac{建成区各类城镇绿地面积}{建成区面积 \times 100 \times (1 - 20\%)} \times 100\%$$

（公式 6 - 11）

式中：（1）建成区面积为城镇现有规模面积（km^2）；

（2）20% 为"其他绿地"占建成区各类城镇绿地面积百分率，依据是：青藏高原生态安全屏障建设的需要，西藏各主要城镇周边均有处于城镇建成区内或毗邻的"其他绿地"存在，对照要求，预算建成区绿地率时削减 20%；

（3）建成区各类城镇绿地面积为公园绿地、生产绿地、防护绿地、附属绿地、其他绿地五大类绿地的总和（hm^2）。

《国家园林城市标准》（2010）中对建成区绿地率的要求为 ≥35%，故该项预算定额指标取定值 35%。在进行建成区绿地率需求绿地定额时，建成区各类城镇绿地面积即为建成区绿地率需求绿地定额。

建成区绿地率需求绿地定额（简称"绿地率定额"）计算公式为：

$$建成区绿地率需求绿地定额(hm^2) = 建成区面积 \times 100 \times (1 - 20\%) \times 35\%$$

（公式 6 - 12）

式中：（1）建成区面积为城镇现有规模面积（km^2）；

（2）20% 为"其他绿地"占建成区各类城镇绿地面积百分率；

（3）35% 为《国家园林城市标准》（2010）中对建成区绿地率的最低要求值。

（五）城镇绿地定额（Q_T）

由于西藏高寒缺氧，因此，藏中南城镇绿地定额中考虑两种类型：绿地定额和理想定额。绿地定额是根据城镇环境对园林植物生态效应的需求而确定，且园林植物生态效应功能的多重性决定，因此，该定额为绿地率定额 Q_4、滞尘定额 Q_3、增湿定额 Q_2、释氧定额 Q_{10}、固碳定额 Q_{1C} 中的最大值；而理想定额为绿地定额与缺氧定额之和。计算公式如下：

$$城镇绿地定额 Q_T(hm^2) = MAX[Q_{1C}, Q_{10}, Q_2, Q_3, Q_4];$$
$$理想绿地定额(hm^2) = 城镇绿地定额 Q_T + 缺氧定额 Q_{1p}$$ （公式 6 - 13）

三 城镇绿地定额

按照绿地定额指标计算方式，进行藏中南地区拉萨市、日喀则市、泽当镇、八一镇的城镇绿地需求定额，并将昌都镇城镇绿地需求量列入，作为比较（见表6－26）。

（一）影响城镇绿地定额的因素

城镇绿地是城市（镇）生态系统的命脉，影响城镇绿地定额的因素很多，特别是与城市各要素相关联且相互制约的因子，如：城镇规模、自然条件、绿地现状、环境质量等。

表6－26　藏中南主要城镇绿地定额估算

城镇名称	建成区面积（km²）	人口（万）	海拔（m）	相对O₂含量(%)	年降尘量（t）	空气湿度（%）	建成区绿地面积（hm²）	建成区绿地率（%）
拉萨市	62.80	25.74	3658.00	13.45	5840.40	35.00	2708.00	43.12
日喀则市	22.10	4.93	3836.00	13.16	2055.30	41.00	500.00	22.62
泽当镇	11.05	2.98	3551.70	13.62	1027.65	43.00	148.26	13.42
八一镇	11.70	3.50	3000.00	14.49	1088.10	71.00	636.78	54.43
昌都镇	8.60	5.30	3240.70	14.05	799.80	50.00	121.80	14.16

城镇名称	绿地率定额（hm²）	滞尘定额（hm²）	增湿定额（hm²）	缺氧定额（hm²）	固碳定额（hm²）	释氧定额（hm²）	绿地定额（hm²）	理想定额（hm²）
拉萨市	1758.40	915.69	6280.00	5590.69	5644.48	5080.04	6280.00	11870.69
日喀则市	618.80	257.78	940.43	1675.63	878.33	790.50	940.43	2616.06
泽当镇	309.40	329.04	235.11	1599.00	1093.29	983.96	1093.29	2692.29
八一镇	327.60	233.19	0.00	898.01	799.40	719.46	799.40	1697.41
昌都镇	240.80	136.68	0.00	666.31	1123.36	1011.03	1123.36	1789.68

1. 城镇规模对绿地定额的影响

城镇规模主要有城镇人口规模和城镇地域规模两种表达方法。西藏城镇发展缓慢，城镇化水平低，目前西藏还没有户籍人口在50万以上的大城市，20 万以上的也只有拉萨市，城镇化率仅为 25%，远远低于全国城镇化平均水平。由于西藏城镇自然条件恶劣，人类活动对自然环境影响加大，人口规模增加对城镇环境中 O_2 量的需求也急剧增加。以拉萨市、日喀则市为例，拉萨市现有人口规模需要 5080.04hm^2 的释氧定额绿地以平衡现有的人口需氧量（绿地达到城镇面积的 80.89%），日喀则市现有人口规模需要 790.50hm^2 的释氧定额绿地以平衡现有的人口需氧量（绿地达到城镇面积的 35.77%）。而从高寒缺氧的角度来看，拉萨市缺氧定额为 5590.69hm^2，日喀则市缺氧定额为 1675.63hm^2，可见，高寒地区城镇规模的大小对缺氧定额的影响较大。因此，对藏中南城镇规模的大小需要进行科学合理的规划，尤其要重视城镇周边防护林的建设。

2. 自然条件对绿地定额的影响

如前所述，藏中南高原环境中，高寒缺氧、空气干燥、河谷风携带风沙量大等自然条件是制约藏中南地区城镇环境改善、招商引资发展绿色经济的主要限制因素。从滞尘定额、增湿定额可以看出，藏中南各城镇需求绿地面积的差异极大。其中，拉萨市由于城市规模的影响，增湿定额高达 6280.00hm^2，成为自然条件中关键制约因素，而林芝地区由于空气湿度高，增湿定额已经不用计算。当然，从数据中也可以看出，林芝地区的湿度条件明显优越于拉萨市、日喀则市，因此，若从林芝地区培育苗木用于拉萨市、日喀则市的园林建设，则必须经过一定时间的抗干燥河谷风锻炼后才能够使用。

3. 城镇绿地现状对绿地定额的影响

在西藏园林植物资源调查以及各城镇园林植物生态效益分析中可以看出，城市绿地的组成也直接影响着绿地定额。如林芝地区八一镇、日喀则市两地的现有绿地总面积相近（见表 6 - 27），但八一镇绿地的固碳量、释氧量以及滞尘量均高于日喀则。因此，在今后的园林绿化建设工作中，要加大园林植物选择、配置研究，提高绿地质量，尤其是提高绿地中的乔灌比，以提高三维绿量，提高绿地的生态效益，并达到有效降低城市绿地定额的目标。

表 6 - 27　西藏重点城镇建成区绿地生态效益比较

城镇名称	海拔（m）	建成区面积（km²）	建成区绿地面积（hm²）	固碳量（t/a）	释氧量（t/a）	滞尘量（t/a）
拉萨市	3658.00	62.80	2708.00	61971.43	45073.97	17272.04
日喀则市	3836.00	22.10	500.00	14083.76	10243.60	3986.57
泽当镇	3551.70	11.05	148.26	2027.98	1475.02	463.04
八一镇	3000.00	11.70	636.78	13991.02	10176.16	2971.33
昌都镇	3240.70	8.60	121.80	2883.78	2097.47	712.72

4. 城镇环境质量对绿地定额的影响

西藏是全国生态环境质量最好的区域之一。据《2011 年西藏自治区环境状况公报》（2012）显示：2011 年，全区主要江河、湖泊水质状况保持良好，达到国家规定相应水域的环境质量标准；全区主要城镇大气环境质量整体优良，拉萨市、日喀则市、泽当镇、八一镇、昌都镇、那曲镇、狮泉河镇环境空气质量均达到《环境空气质量标准》（GB3095 - 1996）二级标准；全区废气中 SO_2 排放 4175.73t，NO_x 排放 40620.27t。良好的城镇环境质量是城镇健康发展的基础，城镇环境质量的优劣对城镇绿地定额的影响较大。

（二）藏中南地区城镇绿地定额

从表 6 - 26 可以看出，藏中南地区各城镇中，绿地定额、理想定额最高的是拉萨市，最低的是八一镇，大小依次为：拉萨市 > 泽当镇 > 日喀则市 > 八一镇。对比现有绿地量来看，八一镇仅需要增加 799.40hm² 绿地就基本能够达到绿地定额要求，但达到理想绿地定额则需要增加 1697.41hm²，绿地率达到了 145.10%，其他各城镇在现有绿地比例条件下，更是无法达到理想定额要求。

因此，从绿地定额、理想定额要求来看，藏中南区域要实现生态环境自给的难度极大，需要通过改变现有绿地结构比例，适当调整城镇规模，尤其要重视城镇周边防护林建设，并发展绿色低碳经济，才能在改善生态安全的条件下，更好地走可持续发展道路。最经济的做法是：改变现有绿篱、灌木林、草地的植物配置模式，增加乔木用量，提高绿地绿量，并重视城镇周边防护林建设，以实现绿地生态效益的最大化。

第七章　西藏生态园林城镇建设

　　人类的发展始终伴随着各种各样的环境问题。20世纪以来，科学技术的迅猛发展使人类世界创造了经济奇迹，在这100年中，人类创造的财富超过了以往财富的总和，而地球资源与环境也遭到了前所未有的破坏。20世纪70年代以来，人们利用各种先进科学技术收集的各种环境变化信息正不断证明并告诉自己，生产过程中有害物质已经进入环境，在环境中扩散、迁移、转化，使环境系统的结构与功能发生变化，并对人类或其他生物的正常生存和发展产生了不利影响，造成了环境污染。而且，人类产生的环境污染物正以惊人的速度破坏地球几十亿年来形成的生态平衡，由此造成的巨大人、财、物损失使人们越来越对自己的生存环境焦虑起来。

　　由于资源环境基础的约束，城镇发展应有一个合理的容量。同理，城市规模的大小也需要通过城市绿地绿量进行适当的控制，以保证城镇生态环境系统向健康系统发展的需要，尤其是西藏城镇。

第一节　西藏对世界生态环境的作用

　　在自然条件下，一定区域内生态系统结构及其服务功能处于与当前自然环境条件相适应和相协调的状态，称为健康系统。当这种系统具有既能满足当地人类生存发展需要的环境服务和物质产品服务功能，又能调节与保护相邻地区环境时，则可称为相邻地区的生态安全屏障系统。

　　健康的自然生态系统具有互利共生、协同进化和追求最优化等特点，而城市（镇）生态系统是人工生态系统，是城市（镇）人类活动与周围环境相互作用形成的动态平衡系统。城市（镇）生态系统的消费者是人，系统的生产者是绿色植物，但绿色植物的现存量一般远小于消费者需求的数量，而且均为次生或人工植被；因此，城市（镇）的物质代谢和能量循环不能完全依靠自然调节来维持，需要通过合理的人工调控来改善系统的动态平衡关系。

同时，城市（镇）生态系统自身特点决定了其是开放式的生态系统，即城市（镇）所需要的物质和能量不能完全自给，必须依赖农田、河湖、海洋、草原、森林以及矿区、工厂等生态系统提供；另外，城市（镇）生态系统中人类生产和生活中产生的大量废弃物不能在城市内分解和释放，需向其他生态系统输送，造成了河湖、海洋、农田、大气等环境污染。因此，城市（镇）生态系统不同于自然生态系统，而且在城市（镇）化进程的不同阶段以及城市所处的周边环境条件不同，遇到的环境问题也不同。但有一点可以肯定：城市（镇）生态系统发展的理想目标或终极目标应该是健康的自然生态系统，即区域内的生态系统结构及其服务功能处于与当前环境条件相适应、相协调的状态。

西藏是青藏高原的主体。青藏高原的隆起和抬升，形成了独特的高原自然环境特征，促成了独特的高原季风系统，造就了中国现代季风格局。它影响着全球气候的变化和亚洲植被格局的分布，导致了亚洲干旱地带的北移和植被地带的不对称分布，形成了世界高原地带性植被格局，演化和发展成为亚洲众多大江大河（如长江、黄河、印度河、恒河、雅鲁藏布江、怒江和澜沧江等）的公共水源地。因此，它对世界生态环境乃至全球气候变化都具有重要影响。

一　北半球气候变化的启动区和调节区

青藏高原通过对大气组成和环流的影响改变了全球气候。一方面，在高原强大热力作用和动力作用影响下，大气中的化学反应造成 CO_2 含量的降低，从而导致了新生代以来全球性转冷和第四纪以来气候波动形式的变化；另一方面，青藏高原隆起是亚洲季风形成的直接原因，并驱动全球冰量和全球气候变化与转型，可能是新生代以来全球变化的根源

（潘保田等，1996）。因此，青藏高原的气候变化必然与全球气候变化紧密相连，是北半球气候变化的启动区和调节区。这里的气候变化不仅直接驱动我国东部和西南部气候的变化，而且对北半球具有巨大的影响，甚至对于全球的气候变化也有明显的敏感性和调节性。

当然，从环境演化与分异的角度来说，青藏高原的隆起对我国气候起着决定性的作用。青藏高原的隆起加强了西南季风气候，阻挡了西伯利亚冷空气的南侵，总体上减弱了第四纪冰川对我国南部、西南部的影响，使该区成为第四纪冰期植物的避难所；并使得我国西北部成为雨影区，十分干旱，而东部、南部环境湿润；相反地，在长江中下游和华南地区就会出现类似北非和阿拉伯半岛的沙漠气候。

二　欧亚大陆生物区系与植被地带的中心与枢纽

从植物区系上来看，西藏地处古热带植物区向泛北极植物区过渡的区域，但高原的隆起既保留了一些古老物类，又产生了许多新的动植物种属，出现了古老物种和新种共同存在、物种替代现象明显的特点，尤其是藏南、藏东南地区更是典型的不同地理区域的生态过渡带，形成了主要由温带、热带、世界广布和中国特有成分组成的独特植物区系，发展成为世界上生物多样性最丰富的地区之一。因此，西藏是世界生物资源的宝库，是世界生物物种的一个重要的形成和分化中心，是欧亚大陆生物区系与植被地带的中心与枢纽（孙鸿烈，1998），生态环境价值远远超出自身的范围。

西藏野生观赏植物资源亦反映了西藏是植物多样性及物种起源分化的中心之一。稀有及特有的野生观赏植物有大花黄牡丹、木兰杜鹃 *R. nuttallii*、西藏独花报春 *Omphalogramma tibeticum*、墨脱玉叶金花 *Mussaenda decipiens*、墨脱虾脊兰 *Calanthe metoensis*、雅致杓兰 *Cypripedium elegans* 等。同时，西藏高原拥有在水分序列上的干旱、半干旱、半干旱—半湿润、半湿润—湿润以及高湿区；气候条件序列上的高山寒带、亚高山寒温带、山地温带、山地暖温带、山地亚热带、山地热带区；在植被类型上的森林（有半干旱疏林—中、旱生型针叶、落叶阔叶林—中、湿生型针叶林、常绿阔叶林—季雨林、雨林；有寒温带冷湿型针叶林—温带、暖温带温湿型针叶、阔叶林—山地亚热带、热带湿热型常绿阔叶

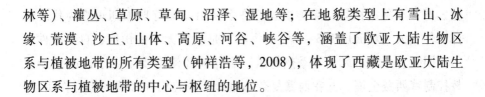

林等）、灌丛、草原、草甸、沼泽、湿地等；在地貌类型上有雪山、冰缘、荒漠、沙丘、山体、高原、河谷、峡谷等，涵盖了欧亚大陆生物区系与植被地带的所有类型（钟祥浩等，2008），体现了西藏是欧亚大陆生物区系与植被地带的中心与枢纽的地位。

三 促成了中国现代季风的形成

青藏高原是一个强盛的大陆性环流系统，是亚洲大气环流系统的交汇场，它不仅控制着高原面上的气候与生物过程，也在高原周围辐散形成下沉气流而强烈影响附近地区的气候。亚洲季风分为3个区域类型：印度洋西南季风、东亚东南季风和高原季风。东亚季风的冬季风来自亚洲北部，主要是冬季北半球最强的西伯利亚—蒙古高压，如果没有青藏高原，西伯利亚—蒙古高压的寒冷气流必将以强劲的势头吹向印度洋，横扫次大陆，南亚的冬天将很严酷。同时，青藏高原严重地阻塞了高低纬度的热量交换，使印巴次大陆强烈增温，早更新世末期以来，高原隆升对东亚季风起了维持和加强作用，季风强度在全新世达到现有规模，发育为大陆性季风。

高原的出现改变了中国大陆的风向，对西伯利亚—蒙古高气压区的形成也产生了决定性的作用。在青藏高原没有出现以前，行星风系的风向与纬度走向一致，高原的出现，对西风带产生了一定的影响，低对流层的西风遇到青藏高原以后，即分为南北两支，在高原季风环流和西风支流两种作用的影响下，中国现代季风的主要特点得以形成并日益突出，东亚季风气候日益典型化。高原邻区形成一些与高原隆起直接相关的扰动系统和地方性气候，西北内陆因日趋闭塞而发育荒漠气候，使中国气候分异趋于复杂化和极端化。

第二节　西藏城镇发展

一　西藏城镇发展条件

（一）恶劣的自然条件

西藏平均海拔4000m以上，边缘是高山环绕、峡谷深切，内部是山脉、宽谷和湖盆相间，绵延横亘着许多高山，又有珠穆朗玛峰为代表的许多伸入大气对流层 1/3 ~ 1/2 的雪峰，是举世无双的山原，自然条件恶劣。同时，西南季风（夏季热低压）和西风环流南支（冬季冷高压）交替控制着西藏全境，并在西藏复杂的地形和地貌相互影响的综合作用下，使西藏整体降水呈现由东南向西北逐渐减少的趋势，形成了"长冬无夏、春秋相连"的高寒气候：冬半年主要为干冷的西风带所控制，气候寒冷、干燥少雨、多大风；夏半年西南季风控制着高原的南部特别是它的东南部，形成温暖湿润的气候，高原内部则成为雨影区，十分干旱。

（二）独特的生态景观

从宏观范围来看，生态系统的分布主要是受气候因子的驱动，并在漫长的气候条件变动的情况下，发生迁移与演化（李文华，2008）。由于青藏高原的隆升，西藏境内形成了热带、亚热带、温带、寒带和湿润、半湿润、半干旱和干旱等多种多样的气候类型；在气候条件变动的驱动下，植被景观也由隆升前的热带、亚热带植被向高寒植被转变，形成了高原地带性植被格局，为多种生物和多样生态系统的形成发育奠定了基础。同时，受暖湿西南季风支配，整个西藏的降水量从东南往西北逐渐减少，藏东南暖热湿润气流向西北逐渐变为寒冷干旱气流，表现为森林、草原、荒漠的地带性变化，使得西藏生态系统的分布和分异随降水的区域变化而呈现明显的地带性分布规律：自藏东南向藏西北相继出现雨林、常绿阔叶林、常绿针叶林、灌丛草甸、草原和荒漠。巨大的高差也使得青藏高原的植被分带以垂直分异为主，以水分为主导的植被垂直地带性分布规律非常典型。

（三）朴素的生态观

人与自然的问题、人与社会的问题是人类所面临的两大基本问题。对生活在青藏高原上的藏民族来说，首先要解决的是人与自然的问题，也就是自身的生存问题。独特、恶劣的生态环境使得西藏自然景观宏伟、生命进程缓慢，围绕这一现象，人们不禁要思考人在自然界中到底处于怎样的地位，如何处理人与诸多生物的关系，等等。在对这些问题的深入思考与不断实践的过程中，逐步激发了藏民族对自然的崇拜和对生命的珍惜，使得意识形态中萌生了以神山、圣湖、野生动物等不可侵犯为内容的"崇尚自然、珍惜土地、众生平等、尊重生命、生活节制"的藏民族朴素生态伦理观。

藏民族这种朴素的生态伦理观有其历史根源（洛加才让，2002）。公元前约5世纪诞生的西藏原始宗教（苯教）遵信"万物有灵"，并崇拜各种自然神。认为宇宙是由"赞"（天神）、"年"（地神）和"鲁"（地下神）三界构成，三界相互联系，不能分离。由此，人们认为自然界的一切生物都是宇宙间不可缺少的部分，都有自身生存的地域与权利，这种对自然的敬畏，促使藏民族主动思考人与自然环境、与周围存在物的关系，把自然物和自然力量视作某种具有生命意志和巨大能量的对象来加以崇拜，并试图通过保护环境、保护万物来求得自己的安宁。公元7世纪中叶，藏传佛教的开始形成和发展，就生态观而言，继承和丰富了苯教的生态伦理观。藏传佛教认为：人与自然是在相互联系，相互依赖中一起生存的；人的生命源于自然，人类栖居于大自然是上苍的恩赐。因此，人类享有利用自然资源权利，但一定要合理利用，取之有度，要知足；尤其强调，善待自然就是善待人类自己，人类不能对大自然进行随心所欲的索取、掠夺和破坏，而要怀着一种神圣的敬畏加以保护。

从根本上说，尊重生命、坚持众生平等是一种文化选择，是藏族人在认识自然、尊重自然规律的基础上，为适应自身生存环境而建立起来的一种与之相融洽、相般配的生态伦理观。因此，出现了藏民族对神山圣湖顶礼膜拜、对土地资源倍加珍惜、对动物悉心呵护、对水源精心保护、对古树森林敬畏有加的淳朴民风，并促进了西藏植被的逐年恢复（见表7-1）。

表7-1   2007~2011年西藏主要植被类型变化

年份	天然草地		森 林		湿 地	
	总面积（万 hm²）	可利用面积（万 hm²）	总面积（万 hm²）	覆盖率（%）	总面积（万 hm²）	占全区国土面积比例（%）
2007	8200	5500	1389.61	11.31	600	4.9
2008	8200	5500	1389.61	11.31	600	4.9
2009	8200	5500	1462.65	11.91	600	4.9
2010	8200	5500	1462.65	11.91	600	4.9
2011	8511	6910	1462.65	11.91	600	4.9

资料来源：引自《西藏自治区环境保护厅环境公报》（2007-2011）。

（四）缓慢的城镇发展历程

一般认为，城镇是以空间和环境资源集约化利用为基础，以人类社会进步为目标的一个集中了人群、各种资源以及先进科技文化的空间地域的复合人工生态系统。因此，城镇的形成、建设和发展与自然环境有密切的关系，自然条件和自然资源是城镇形成的基本前提之一。

早期藏民族的先祖从树栖生活过渡到地面活动后，进而出现了房屋居住的需要。由于西藏各地区自然气候差异极大、地形复杂，逐渐形成了以藏北游牧、藏中农耕、藏南狩猎为主的生产生活方式。根据生产生活方式的不同，形成了穴居、匍崖居、帐篷等简陋的住所。其中，藏中地区最早进入了农耕时代，成为西藏农业的发源地，逐步出现了早期的乡村庭院，并最终形成了以琼结为中心、包括泽当在内的城镇体系，随后，在军事、政治、宗教和社会经济的不断融合发展下，拉萨、日喀则、昌都、江孜等吸引了更多的人口而逐步形成了城镇。可见，西藏城镇发展的直接动力是农耕文化的崛起，而政权的建立，苯教和藏传佛教等影响，是西藏城镇发展的推动力。

此外，西藏高山林立、河流众多，是西藏城镇发展的主要限制因子。由于生活需要，西藏城镇大多沿着河流分布，如最早出现的象雄王朝政治中心位于象泉河流域、吐蕃王朝政治中心位于拉萨河流域，而当前西藏城镇主要分布在雅鲁藏布江及其支流流域（尤其是雅鲁藏布江中游河谷地带），其次怒江流域城镇分布也较多。西藏河流与山地的分形特征，还直接影响着西藏工农业的生产和交通运输的布局，进而影响到人口密度和城镇规模，影响着城镇的空间布局。

西藏和平解放后，在军事、政治、宗教和社会经济的不断融合发展下，尤其是在改革开发后实施的全国支援和西部大开发双重超强动力的作用下，西藏城镇得到了飞速发展，逐步形成了以雅鲁藏布江中游河谷地带及其支流流域，和怒江流域为中心的城镇体系，并成为西藏政治、经济、文化集中域。

二 西藏城镇发展特点

西藏城镇化进程是社会生产力发展到一定阶段的产物，是历史的必然。西藏的城镇发展历史可以追溯到四五千年以前。吐蕃部落最早在公元前后就在雅砻河河谷开垦土地、兴修水利、圈养牲畜、冶炼金属、发展农业、筑城建屋，出现了以琼结为中心、包括泽当在内的城镇体系。在随后的历史时期，西藏的中心城镇在山南、拉萨和日喀则之间不断地变迁，逐渐形成了现在的西藏城镇空间格局。当前，已经从 1982 年"一市九镇"发展到了 2 个市（地级市 1 个，县级市 1 个）、71 个县、140 个镇、542 个乡的城镇化格局，西藏城镇人口已占 22.71%（68.88 万）（西藏自治区统计局，2012），城镇化率达到了 25%（西藏自治区区志编纂委员会，2011）。从全国范围来看，尽管西藏的城镇化水平还比较低，城镇化进程处于初级阶段，城镇规模较小，数量较少，区域发展还不平衡，但在经济发展动力的推动下，城镇数量以及规模却在不断扩大，已经成为西藏人口的主要集中地。因此，如何构建合理的城镇绿地体系格局，实现西藏城镇空间格局优化，是西藏生态安全屏障建设所面临的重要问题之一。当前，西藏城镇主要特点有：

（一）地域特色和民族特色鲜明

西藏地域辽阔，不同地区之间的自然与地理环境、文化背景不尽相同，有些相差悬殊，所有这些在西藏城镇生态环境中都有具体反映。拉萨市位于雅鲁藏布江支流拉萨河河谷宽地，属于半干旱温带高原季风气候区；日喀则市位于雅鲁藏布江和年楚河的交汇处，属于半干旱温带高原季风气候区；山南地区泽当镇位于雅砻河与雅鲁藏布江汇合处，属半湿润暖温带季风气候向半干旱温带高原季风气候过渡区，以半干旱温带高原气候为主；林芝地区八一镇位于雅鲁藏布江支流尼洋河下游，属高原温带半湿润季风气候区；昌都地区昌都镇位于澜沧江源头，属高原温带湿润季风气候区。不同气候区降水、温度不同，自然植被也不同，加之民风民俗也有所不同，因此，各地区所在城镇的地域特色和民族特色鲜明。

1. 各城镇自然植被地域特色鲜明

植被是指某一地区内全部植物群落的总称，温度和水分是决定不同植被类型的主要环境因素。植被区划是根据各个植物群落在一定地区范围内的不同排列、组合特点，揭示不同地区植被分布的相似性和差异性，找出最能代表该地域生态条件的植物群落，阐明它的地理分布规律及其与综合自然条件的关系，然后根据不同植被资源和自然条件特点，进行的分区评价（中国科学院青藏高原综合科学考察队，1988）。其目的是合理开发、利用植物资源，在生态平衡条件下，因地制宜地进行生产，使生态系统向健康系统的方面发展。因此，不同地区的植被类型反映了当地的温度与水分条件，同一类型植被也反映了该区域内的植被资源和自然条件特点相似度。

在重点研究的 5 个城镇中，拉萨市、泽当镇、日喀则市植被均属于亚热带植被地带、东亚亚热带常绿阔叶林地区、雅鲁藏布江中游河谷地亚高山灌丛草原亚区，而昌都地区昌都镇属于亚热带植被地带、东亚亚热带常绿阔叶林地区、横断山脉北部山原峡谷山地灌丛亚区，林芝地区八一镇属于亚热带植被地带、东亚亚热带常绿阔叶林地区、雅鲁藏布江中下游常绿阔叶林亚区。

从具体植被组成上来看，拉萨市、日喀则市、泽当镇周边自然植被稀少，主要的植被类型由砂生槐、小蓝雪花、水柏枝、乌柳、锦鸡儿、沙蒿等组成的落叶灌丛、草原，并在山麓覆沙地上分布着固沙草群落。同时，拉萨市、日喀则市、泽当镇三地均是在河滩地上逐渐发展形成的，周边发育着河漫滩、堆积阶地、洪积扇、河谷盆地和山地等地貌类型，土壤质地以沙壤土为主，肥力较差。综合认为：自然条件反映出该区域适于高山灌丛和草甸植被的发育。

昌都镇植被类型为干旱河谷灌丛，组成植物主要有白刺花、小蓝雪花、鼠李、醉鱼草等，但海拔 3400（3500）m 以上形成着森林带，阳坡川西云杉林下杜鹃属常绿灌木层片转为次要地位，而落叶灌木层片，包括忍冬属、茶藨子属 Ribes、委陵菜属植物成为主要灌木，兼有大果圆柏、密枝圆柏 Sabina convallium、方枝柏疏林，林下土壤贫瘠而干燥，灌木层以绣线菊属 Spiraea、栒子属、蔷薇属、锦鸡儿属植物构成，大多具有耐旱的特征。阴坡被破坏后形成了山杨、桦木林，严重被破坏的地方形成灌丛和草甸。综合认为：自然条件反映出该区域适于温带、亚热带落叶灌丛和草地植被的发育，但在周边海拔 3400（3500）m 以上区域，则适于暗针叶林的发育。

林芝地区八一镇植被的一般特征为森林覆盖率大，垂直变化明显。在山体下部为川滇高山栎林或光核桃林，阳坡中、上部分布高山松，阴坡上部分布林芝云杉，山体下部的川滇高山栎林或光核桃林受破坏后形成枸子、小檗、蔷薇灌丛。海拔3700m以上区域开始分布急尖长苞冷杉和川滇冷杉，4100（4600）m以上森林消失，代之以灌丛和草甸群落。综合认为：该区域适于暗针叶林、针阔混交林以及高山灌丛、草地的发育，是西藏最适宜建设园林绿地的城镇。

2. 各地建筑特色差异极大

西藏地域辽阔，由于地理环境气候不同，自然条件差异很大，为了适应自然环境和不同的气候条件，各地区都具有特色鲜明的民族建筑。其中，藏中区域（日喀则、山南地区）则以平顶屋形式为主，采用梁柱式构建建筑主体；而藏东南建筑（林芝地区）以坡屋顶形式为主，并采用穿斗式构建建筑主体。昌都建筑则以碉斗式（碉房）为典型特征，但保留有藏中建筑、藏南及藏东南建筑类型，并受汉族、纳西族等多个民族建筑形式的影响。此外，藏北牧区也有牛毛黑帐，藏南林区还有板棚屋和博嘎尔竹楼等形式。

（1）藏中建筑 藏中建筑是藏式建筑的典型代表，是藏民族从游牧转为定居后自然形成的一种居住建筑体系，主要出现于拉萨、日喀则、山南地区，具有底层高、小门窗、重装饰、"方室"小空间的特点（黄诚朴，1980）。其室内空间基本房间是正中间一根高2m的立柱构成的正方形居室，它承袭了牛皮帐篷的形象。居室外空间（院落）的组合根据地形不同、朝向不同而不同，常采用一字形、曲尺形、方框形等自由多变的手法，呈现出多样性，甚至找不到重复形象的例子。但是它的结构构筑体系与门窗上口出挑雨篷，檐部女儿墙的压檐滴水以及窗台、外廊、阳台、屋顶露台等装饰格调一致，使得整个藏中建筑的风格是一致的，并不给人以多变而凌乱的感觉。尤其是门窗上雨篷的做法，采用了小挑木挑出墙面的构造方法，十分特殊。这不仅具有防止雨水飘入室内和悬挂布帘遮挡直射阳光的功能，更使这种门窗雨篷突出墙面成为装饰物，丰富、美化了厚重的花岗岩毛石外墙的立面造型。这种雨篷与上小下大的门窗洞口配合协调，构成了独特的地方特色、民族特色。

（2）藏南及藏东南建筑　藏东南建筑主要集中在林芝地区、山南地区措那县、日喀则地区吉隆县等夏季多雨的城镇，有院落式和散式两种，常见的是院落式。藏东南建筑一般由居室、厨房、贮藏室、牲畜房和外廊等组成，现代院落常含有院内温室园艺作物栽培区域（洋滔，2002）。居室为长方形或正方形，内有方柱或圆柱支撑，室内常以炉灶为中心，周围布置床和其他家具。藏东南建筑一般分为两层，底层为贮藏室或作为牲畜房（现代已经改为侧屋为牲畜专用房）。人住二楼，楼板由木板铺设而成。藏东南建筑一般高6~8m，因为夏季雨水充沛，屋顶均为坡顶。

传统藏东南建筑为木质结构，墙体除碎石、片石、卵石外，还由木板、竹篱、柳条等多种材料制成的。坡屋顶采用木板铺设，称木瓦，木板上压石头，房屋四角用绳子捆绑石头固定以加重镇压效果，以免被风掀翻木瓦，损坏房屋。现代藏东南建筑常采用马口铁铁皮成型制作，用钢钉固定在椽子上，并油漆成统一的颜色，更加壮美。

近年来，西藏对城镇建设的民族特色和地域特色更加重视，历史文化名胜保护成效明显。拉萨、山南、日喀则等地市和一些县及贡嘎机场周边等重要城镇开展了原有建筑的民族特色改造，成为各个城镇的"亮点"。如：2001年昌都镇昌庆街改造工程、2004年日喀则市后藏风情步行街、2006年林芝八一镇生态与绿化建设项目均荣获"中国人居环境范例奖"。与此同时，国家还先后投入巨资对大昭寺、布达拉宫、罗布林卡、萨迦寺等一大批历史文化遗产进行了修缮，八廓街、布达拉宫广场、扎什伦布寺广场周围环境整治和旧城区改造取得显著成效。

（3）藏东建筑　藏东建筑代表是昌都地区建筑。昌都地区属于藏族传统地域划分中的康区部分。由于昌都地区处在横断山脉，三江流域的复杂地形和多变的气候条件决定了昌都建筑的多样性，加之，昌都既是藏、川、青、滇货物的集散地，又是古代茶马古道的必经之地，使得昌都的建筑受到了以汉族为主，包括纳西族等在内的多民族的影响，昌都建筑的地方特色更是别具一格，成为藏族建筑艺术中一道亮丽的风景线。按照承重结构不同，主要有以下三类（土呷，2003）。

第一类为碉房（梁架式建筑）。柱梁承重、石头砌墙的碉房是藏族建筑的重要结构形式，但在昌都地区这种结构变化为以木柱架构、密梁平顶、墙体不承重为其特征。修建这种结构的房子时，先要放好线，再挖好地基并垒好地基墙础，然后立柱架梁，形成类似木头框架结构，但柱与柱头、梁与梁之间，不用铆接和钉子固定，而是自然相接，然后再用方石砌墙。这种结构在昌都、类乌齐、丁青、察雅一带居多。在昌都县才维乡一带，不仅平房是柱梁承重，而且二层，甚至三层都是如此。一根长柱子不仅要托起二层的大梁，有的长柱子还要托起三层的大梁。内柱则是柱上加柱，不直接拉通。这种在墙外立柱托起大梁的结构，是昌都民居的一个重要特点，在西藏其他地方是较为少见的。

第二类为墙柱混合承重，夯土或石砌为墙。这种承重结构与柱梁承重的内部结构基本相似，所不同的是靠近墙体不再另立柱子托起大梁，而是把大梁直接架在墙体上。这既是昌都民居常用的结构，也是寺院建筑常用的结构。这种结构在贡觉、芒康、左贡、察雅、洛隆、边坝、八宿较多。墙柱混合承重结构在贡觉县三岩地区更加突出。这种结构的房屋一般都建在地势险要的山坡上，层数大都在三层以上，约有十几米高。第一层几乎不开窗口，只开一个大门，作为牲畜圈用；第二层是主要的生活区，吃、住、睡均在二层楼上，墙上只开狭小的窗口，上下楼全凭一根在圆木上砍出锯齿形的脚蹬独木梯子；第三层主要作为堆放杂物和麦子、青稞用。这种碉堡式的民居，所有的布局都是围绕着防敌、防火、安全着想的，这也与当地"帕措"（指一个以父系血缘为纽带组成的部落群）之间械斗多，社会不安定相吻合的。窗口很小、上下梯用独木梯、墙体厚重高大、地势险要等，都是从易守难攻的目的而设计的。藏中地区的建筑结构多在该类型上发展而来。

第三类为墙体承重的木楞房（井干式建筑）。这种建筑的雏形可追溯到新石器时代的卡若遗址。木楞房的基本结构为：将原木一分为二，横向平置，圆形向外，平面向内，在转角的交接处将接头作成凹形榫，互相咬接，叠垒架成井字形的建筑，直到所需的高度为止，房梁就直接放在木板墙体承重。过去这种建筑由于密封性能好，安全系数高，故只作为昌都、察雅、丁青、洛隆、八宿一带富裕人家的粮食仓库，但在江达、芒康一带则成为一种独立的民居而普遍存在。木楞房牢固、防潮、防盗，而且抗震力极强，是藏族人民在漫长的历史长河中摸索出来的具有藏族特点的抗震房。

（二）受自然条件限制，城镇规模普遍较小，绿地率无法等比例增加

自然条件是人类生存的基础，西藏的自然地理环境条件是影响人类社会经济活动方式和场所选择的主要因素，自然地理环境本底是西藏城镇规模的基底。西藏虽然地域辽阔，但整个西藏人类能够生存活动的面积仅占总面积的27%，只有32.9万 km^2（许学强等，1997），而适宜城镇化的空间更为有限。因此，西藏城市发展缓慢，城镇化水平低，目前西藏还没有户籍人口在50万以上的大城市，20万以上的也只有拉萨市，城镇化率仅为25%，远远低于全国城镇化平均水平。且西藏高山林立、河流众多，西藏城镇大多沿着河流分布，如最早出现的象雄王朝政治中心位于象泉河流域，吐蕃王朝政治中心位于拉萨河流域，而当前西藏城镇主要分布在雅鲁藏布江及其支流流域（尤其是中游河谷地带），其次怒江流域城镇分布也较多。受流域影响，西藏城镇的发展空间普遍不足，不得不向河滩湿地、山地林区等争夺土地，直接导致了城镇生态环境质量的下降。因此，这是西藏城镇环境质量的关键制约因子。

（三）城镇环境管理经验缺乏，城镇规划和管理水平不高，城市绿地管理技术不成熟

近年来，西藏城镇发展较快，但是缺乏管理经验，难以形成有效合理的规划，表现在城镇发展布局不合理，城镇结构单一，城镇绿地配置不均衡、设施不健全，城镇经济缺乏有效的产业支撑等，致使城镇绿地生态功能得不到有效的发挥。例如：到目前为止只有拉萨市正在按照《城市绿线管理办法》（建设部令第112号，2002）要求进行城市绿线的划定。其次就是城镇管理水平不高。在西藏，城市生态环境的保护已经逐渐进入人们的脑海中，但由于广大居民缺乏对绿地保护的基本知识，因此，出现了保护不当致死、病虫害无法及时防治等问题。如：冬季采用塑料薄膜包裹树体导致树体灼伤，"不杀生"的朴素生态伦理观导致了病虫害防治无法有效实施，并将自然条件中随意穿行于植物群丛中的行为带到了城市绿地中，导致城市绿地植物土壤条件进一步恶化，这些行为导致了绿地质量下降，使城镇绿地生态效益无法正常发挥。

三 西藏城镇生态环境建设的建议

（一）走生态城镇发展的道路

西藏高原是青藏高原的主体，它以其强烈的隆升、独特的自然景观和生物区系对周边地区自然环境和人类活动形成了深刻影响。为此，国家设立了青藏高原生态安全屏障体系，并在《全国生态功能区划》（中国国家环境保护部等，2008）中将西藏大部划入了国家层面的生态安全功能区。因此，西藏城镇发展必须走生态城镇的道路，以确保城镇规模与自身人工生态系统相平衡，达到保护为主，发展兼顾的目标。

同时，建设绿地要尽量少占农田，在满足植物生长的自然条件下，充分利用不宜耕种的土地及建筑物间的破碎地形布置绿地，以增加城镇绿地面积。不同城市绿地建设条件有高有低，不同气候区、不同立地条件的城镇会因地形、气候、绿化水平、历史等自然、经济、社会条件不同，其绿地建设条件也各异。因此，提高城镇绿地定额指标需要依据生态学要求和人类住、行要求与精神需求，结合各城镇国民经济发展水平、城市性质、城市化水平、城市功能，根据绿地定额要求，走生态城镇发展的道路。对于风景旅游城镇和地震区城镇应适当提高绿地定额指标。

（二）走城镇体系道路，重视城镇周边防护林建设，通过绿色廊道拓展绿地规模

城镇体系（Urban System），即城市体系或城市系统，是指在一个相对完整的区域或国家以中心城市为核心，由一系列不同等级规模、不同职能分工、相互密切联系的城镇组成的系统（许学强等，1997）。可以预计，未来 20 年是西藏城镇化的快速发展时期，人口数量也将快速增长，大量的农村人口转移到城镇，这对生态比较脆弱的西藏来说是一个挑战。加之，由于西藏城镇主要位于河谷地带，河谷相对来说比较狭小，对于城镇建设和基础设施的配置都有一定的制约，因此不可能建立特别巨大的城市来容纳更多的人口。只有通过建立合理的城镇体系，通过大量的小城镇建设来吸纳人口，从而降低大城市面积过大对资源环境的压力，最终形成大、中、小城镇配置合理的城镇体系。通过便捷的交通与城镇间绿色廊道把城镇连接起来，达到城镇规模与自身人工生态系统相平衡

的目标，才能够发挥出整体的规模效益和生态效益。

（三）加快城镇绿地管理技术的引进、消化和吸收，激发城镇居民的环境保护意识

城镇生态系统的生产者是绿色植物，绿色植物既是环境的感受者，也是环境的改造者。由于植物在维系生态平衡中的这种特殊地位，人们对植物与环境的关系格外关注。但由于藏民族长期生活在规模小、基础设施不健全的村镇之间，尽管拥有热爱大自然、热爱生命的朴素的生态伦理观，但对城镇规模化绿地的经营、管理依然停留在对自然植物的粗放管理水平上，导致了绿地整体质量的下降。因此，需要加快城镇绿化管理技术的引进、消化和吸收，激发城镇居民朴素的生态伦理观，爱护城市中的一草一木，采用合理的技术方法保护植被，精心管理园林绿地，保证绿地生态效益的正常发挥。

第三节　问题与探讨

整个研究过程中可以发现：在当前城镇规模和绿地结构模式条件下，藏中南区域各重点城镇要实现生态产品自给的难度极大，需要通过改变现有绿地结构比例，适当调整城镇规模，并发展绿色低碳经济，才能在改善生态安全的条件下，更好地走可持续发展道路。最经济的做法是：改变现有绿篱、灌木林、草地的植物配置模式，增加乔木用量，提高绿地绿量，并重视城镇周边防护林建设，以实现绿地生态效益的最大化。

研究过程中也发现了一些问题，探讨如下。

一　本研究中的测算方法方面

本研究中测定估算依据是植物净初级生产力理论，测算的是整个城镇绿地生态系统的平均净初级生产力，参照值为各城镇的主要植物生态效益的平均值，而没有对各种园林植物进行单独测算。从定量研究部分可以看出，各种园林植物的固碳释氧能力、涵养水源的能力、滞尘能力以及减噪能力均有差异，如乔木树种中杨柳科（如旱柳、白柳、北京杨0567、84K杨、藏川杨、银白杨、优胜杨、沙兰杨等）、松科（如雪松、川西云杉）、柏科（如圆柏、侧柏等）等植物吸收 CO_2、释放 O_2 指标均较高，效益较好；而灌木树种吸收 CO_2、释放 O_2 的效益相对低，滞尘效果则很好，效益稍好的为蔷薇科植物（如女贞、月季、大叶黄杨、沙棘等），这些在本研究结论的相关应用中并没有得到完全的体现。因此，要更为明确地彰显西藏重点城镇园林绿化建设的成果，精确衡量西藏重点城镇绿地需求量，则需要进一步加大研究深度，建立以西藏各种园林植物的生态特性以及各城镇的土壤条件、气候条件等生态环境条件为参数的植物净初级生产力模型，指导西藏各城镇园林绿地建设。

二　园林绿地生态服务功能价值评估与绿地定额估算方面

相关研究表明，乔灌两层结构的配置方法在固定 CO_2、释放 O_2、滞尘方面效益达到最优，而且乔木显示出更为重要的作用。这是因为，这种固碳释氧效益是通过树叶、树冠的大小对太阳辐射的吸收和植物蒸散冷却作用来实现的。在酷热的夏季，林地中树木枝叶（尤其乔木树种）形成浓荫覆地，不仅吸收了来自太阳的直接辐射热，而且也吸收了一部分来自墙面和其他相邻物体的反射热。同时绿色植物，尤其高大乔木有强烈的蒸散作用，它可以消耗太阳的直接辐射能量的60%～75%，甚至90%，因此绿化区域的气温显著降低，固碳释氧效果好。乔灌木型植被吸收 CO_2 较多，还可形成特定的林地小气候，产生林风和稀释作用，所以对周围环境的 CO_2 有较好的调节作用。但在本部分的估算过程中，需要人为地将绿地拆分为林地、草地、湿地、苗圃等类型，无法综合评估不同植物配置方式下的园林绿地生态服务功能价值。

此外，西藏园林植物减尘滞尘效益评估中，对园林绿化区域的二次扬尘问题探讨不足。西藏主要城镇多集中沿着河流分布，河谷风携带的风沙量大，且主要集中在冬春季节，该时期各城镇降水少、落叶植物均已经进入休眠期，其滞尘作用明显下降，夏秋季节植被固定的扬尘此时会由于河谷风的作用形成二次扬尘，影响环境质量。因此，需要针对这一特点集中引进、消化和吸收园林绿地生物覆盖技术，增强被固定扬尘的滞留能力，促使西藏各城镇冬春季节环境质量的进一步提高。

参考文献

[1] 艾玲译、C. H. 尔诺布里文科著《植物分泌物的生物学作用和间作中的种间相互关系》[M]，科学出版社，1961。

[2] 敖慧修：《广州室内观叶植物的光合作用特征》[A]，见《中国科学院华南植物研究所集刊》[C]，1986 年第 3 期。

[3] 巴桑次仁：《昌都农牧林业的现状与发展》[J]，《中国西藏》2000 年第 5 期。

[4] 白林波、吴文友、吴泽民等：《RS 和 GIS 在合肥市绿地系统调查中的应用》[J]，《西北林学院学报》2001 年第 1 期。

[5] 白伟岚：《园林植物及生态效益的研究》[D]，北京林业大学硕士学位论文，1993。

[6] 柏玉芬、石惠春：《浅述生态系统服务功能价值的评估》[J]，《经济研究导刊》2011 年第 6 期。

[7] 鲍淳松、楼建华、曾新宇等：《杭州城市园林绿化对小气候的影响》[J]，《浙江大学学报（农业与生命科学版)》2001 年第 4 期。

[8] 鲍隆友、兰小中、刘玉军：《甘西鼠尾草生物学特性及人工栽培技术研究》[J]，《中国林副特产》2005 年第 3 期。

[9] 鲍隆友、刘昊、邢震：《西藏林芝地区野生苗木移地栽培技术研究》[J]，《中国野生植物资源》[J]，2002 年第 3 期。

[10] 鲍隆友、杨小林、刘玉军：《西藏野生桃儿七生物学特性及人工栽培技术研究》[J]，《中国林副特产》2004 年第 4 期。

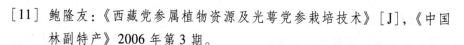

［11］ 鲍隆友：《西藏党参属植物资源及光萼党参栽培技术》［J］，《中国林副特产》2006年第3期。

［12］ 鲍平秋：《园林植物的生态类群与应用》［M］，科学出版社，2010。

［13］ 北京市建设委员会：《北京市民用建筑工程室内环境污染控制规程DBJ01－91－2004》［S］，2004。

［14］ 柴一新、祝宁、韩焕金：《城市绿化树种的滞尘效应——以哈尔滨市为例》［J］，《应用生态学报》2002年第9期。

［15］ Barker FS 著《巧学活用 Microsoft Access97》（中文版）［M］，曹长虹、周志全译，机械工业出版社，1997。

［16］ 陈端：《林芝地区生态环境与林木育苗和引种》［J］，《西藏科技情报》1992年第4期。

［17］ 陈端：《西藏巨柏育苗造林技术》［J］，《西藏科技情报》1992年第2期。

［18］ 陈怀顺、刘志民：《西藏日喀则江当及其毗邻地区植被组成特点》［J］，《中国沙漠》1997年第1期。

［19］ 陈晖、阮宏华、叶镜中：《女贞同化 CO_2 和释放 O_2 能力的研究》［J］，《城市生态与城市环境》2002年第3期。

［20］ 陈俊愉：《花卉品种分类学》［M］，中国林业出版社，1999。

［21］ 陈俊愉：《中国花经》［M］，中国旅游出版社，2000。

［22］ 陈绍云、周国宁：《光照强度对山茶花形态、解剖特征及生长发育的影响》［J］，《浙江农业科学》1992年第3期。

［23］ 陈秀龙、李希娟、陈秋波：《海口市街道绿化类型减噪效应的测定与分析》［J］，《华南热带农业大学学报》2007年第1期。

［24］ 陈有民：《园林树木学》［M］，中国林业出版社，1990。

［25］ 陈振兴、王喜平、叶渭贤：《绿篱的减噪效果分析》［J］，《广东林业科技》2003年第2期。

［26］ 陈植：《观赏树木学》［M］，中国林业出版社，2000。

［27］ 陈智中、陈俊：《河南省主要园林草坪植物绿化生态效益的研究》［J］，《河南林业科技》1999年第4期。

［28］ 陈自新、苏雪痕、刘少宗等：《北京城市园林绿化生态效益的研究

(1)》[J]，《中国园林》1998 年第 1 期。

［29］ 陈自新、苏雪痕、刘少宗等：《北京城市园林绿化生态效益的研究
(2)》[J]，《中国园林》1998 年第 2 期。

［30］ 陈自新、周国梁：《北京市区园林树木生态适应性的调查研究》
[J]，《园林科研》1989 年第 2 期。

［31］ 陈自新：《城市园林植物生态学研究动向及发展趋势》[J]，《北京
园林》1995 年第 2 期。

［32］ 程丹丹：《武汉市植物多样性信息系统构建》[D]，华中师范大学
硕士学位论文，2003。

［33］ 大普琼、唐晓琴、周进：《云南红豆杉扦插育苗试验》[J]，《西南
林学院学报》2002 年第 4 期。

［34］ 大普琼、周进：《西藏红豆杉扦插育苗试验》[J]，《西南林学院学
报》2003 年第 1 期。

［35］ 丁亚超、周敬宣、李恒等：《绿化带对公路交通噪声衰减的效果研
究》[J]，《公路》2004 年第 12 期。

［36］ 东箭工作室：《Access97》（中文版）[M]，电子工业出版社，
1997。

［37］ 杜克勤、刘步军、吴昊：《不同绿化树种温湿度效应的研究》[J]，
《农业环境保护》1997 年第 6 期。

［38］ 杜振宇、邢尚军、宋玉民等：《高速公路绿化带对交通噪声的衰减
效果研究》[J]，《生态环境》2007 年第 1 期。

［39］ 段舜山、彭少麟、张社尧：《绿地植物的环境功能与作用》[J]，
《生态科学》1999 年第 2 期。

［40］ 段旭良、冯秀兰、赵蕾等：《林木和花卉种质资源信息共享平台的
设计与开发》[J]，《北京林业大学学报》2007 年第 5 期。

［41］ 多瓦才吉、玉珍：《浅谈拉萨古典园林（林卡）的特色》[J]，《西
藏科技》1994 年第 1 期。

［42］ 多瓦才吉：《浅谈拉萨市道路绿化状况》[J]，《西藏科技》1995 年
第 1 期。

［43］ 方精云、柯金虎、唐志尧等：《生物生产力的"4P"概念、估算及

其相互关系》[J]，《植物生态学报》2001年第4期。

[44] 封云：《公园绿地规划设计》[M]，中国林业出版社，1996。

[45] 冯采芹：《绿化环境效益研究》[M]，中国环境科学出版社，1992。

[46] 傅崇兰、洛噶、刘维新等：《拉萨史》[M]，中国社会科学出版社，1994。

[47] 傅崇兰：《历史铸就的中华民族统一体的历史文化名城拉萨》[J]，《城市》2008年第4期。

[48] 傅湘、纪昌明：《区域水资源承载能力综合评价：主成分分析法的应用》[J]，《长江流域资源与环境》1999年第2期。

[49] 古润泽、李延明、谢军飞：《北京城市园林绿化生态效益的定量经济评价》[J]，《生态学报》2007年第6期。

[50] 管东生、陈玉娟、黄芬芳：《广州市城市绿地系统碳贮存、分布及其在碳氧平衡中的作用》[J]，《中国环境科学》1998年第5期。

[51] 郭其强、罗大庆、王贞红等：《光核桃幼苗光合特性和保护酶对干旱胁迫的响应》[J]，《西北农林科技大学学报（自然科学版）》2010年第6期。

[52] 郭中伟、李典谟：《生物多样性经济价值评估的基本方法》[J]，《生物多样性》1999年第1期。

[53] 郭宗惠、黄志伟、肖蕾：《建藏东生态屏障，铸高原绿色明珠——昌都林业改革开放30年成就斐然》[J]，《中国林业》2009年第2A期。

[54] 韩玉兰：《指示植物对大气污染的监测作用》[J]，《环境保护科学》1986年第1期。

[55] 侯晓、金建伟：《哈尔滨市环境质量分析及绿地定额预测》[J]，《东北林业大学学报》1992年第3期。

[56] 侯宽昭：《中国种子植物科属词典》[M]，科学出版社，1982。

[57] 黄诚朴：《独特的拉薩藏族民居》[J]，《重庆建筑工程学院学报》1980年第2期。

[58] 季彪俊、孙小方、孙依斌：《遥感技术在城镇绿化植物三维绿色生物量和生态环境效益估算中的应用》[J]，《福建农林大学学报

（自然科学版）》2005 年第 1 期。

[59] 贾彦丽、温陟良、王庆江：《赞皇大枣树叶片光合特性的研究》[J]，《河北农业大学学报》2002 年第 25（增刊）期。

[60] 蒋瑾、李刚、付凯等：《高原地区脂肪肝 CT 表型与海拔高度的关系》[J]，《高原白医药杂志》2003 年第 3 期。

[61] 解宝灵：《绿化带对交通噪声的影响》[J]，《山西科技》2003 年第 4 期。

[62] 金为民、姚永康、许东新等：《城市人工片林小气候研究初报》[J]，《东北林业大学学报》2002 年第 3 期。

[63] 鞠美庭、王勇、孟伟庆等：《生态城市建设的理论与实践》[M]，北京：化学工业出版社，2008。

[64] 兰小中、廖志华、王景升：《西藏高原濒危植物西藏巨柏光合作用日进程》[J]，《生态学报》2005 年第 12 期。

[65] 李白萍、马红文、潘贵元等：《昌都农业气候资源的变化特征分析》[J]，《西藏农业科技》2008 年第 4 期。

[66] 李存东：《有机更新的拉萨城市中心公园——布达拉宫周边环境整治规划及宗角禄康公园改造设计》[J]，《城市建筑》2006 年第 12 期。

[67] 李娥娥、蔺银鼎：《太原市区空气污染特点与绿化树种选择》[J]，《陕西农业大学学报》2001 年第 2 期。

[68] 李晖、央金卓嘎、顾高举：《长叶云杉、喜马拉雅红豆杉的栽培》[J]，《西藏科技》2002 年第 2 期。

[69] 李辉、赵卫智、古润泽等：《居住区不同类型绿地释氧固碳及降温增湿作用》[J]，《环境科学》1999 年第 6 期。

[70] 李辉、赵卫智：《北京五种草坪地被植物生态效益的研究》[J]，《中国园林》1998 年第 4 期。

[71] 李嘉乐、刘梦飞：《绿化改善城市气候的效益》[J]，北京市园林科学研究所，1989，第 50~62 页。

[72] 李景侠、康永祥：《观赏植物学》[M]，中国林业出版社，2005。

[73] 李敏：《城市绿地系统规划》[M]，中国建筑工业出版社，2008。

［74］李敏：《现代城市绿地系统》［M］，中国建筑工业出版社，2002。

［75］李文华：《生态系统服务功能价值评估的理论、方法与应用》［M］，中国人民大学出版社，2008。

［76］李颖：《西藏地区银白杨的组织培养和快速繁殖》［J］，《植物生理学通讯》2002年第3期。

［77］李月华、陈之欢、高润清：《园林植物标本数据库的研究》［J］，《北京农学学报》2000年第3期。

［78］栗志峰、刘艳、彭倩芳：《不同绿地类型在城市中的滞尘作用研究》［J］，《干旱环境监测》2002年第3期。

［79］刘常富、何兴元、陈玮等：《沈阳城市森林三维绿量测算》［J］，《北京林业大学学报》2006年第3期。

［80］刘常富、何兴元、陈玮等：《沈阳城市森林三维绿量模拟及其影响因子》［J］，《应用生态学报》2008年第6期。

［81］刘常富：《园林生态学》［M］，科学出版社，2003。

［82］刘承江、张恒庆：《森林生态服务功能价值评估方法研究》［J］，《辽宁林业科技》2008年第8期。

［83］刘福才：《绿色植物减菌试验研究》［J］，《园林科技通讯》1987年第2期。

［84］刘海军、SHABTAI Cohen、JOSEF Tanny等：《应用热扩散法测定香蕉树蒸腾速率》［J］，《应用生态学报》2007年第1期。

［85］刘佳妮：《园林植物降噪功能研究》［D］，浙江大学硕士学位论文，2007。

［86］刘梦飞：《北京市绿化覆盖率与大气质量的关系》［J］，北京市园林科学研究所，1989，第158～162页。

［87］刘梦飞：《北京夏季城市热岛特点与绿化覆盖率的关系》［J］，北京市园林科学研究所，1989，第147～151页。

［88］刘鹏、刘庆忠、赵红军等：《核桃光合作用特性的初步研究》［J］，《落叶果树》2003年第4期。

［89］刘艳、栗志峰、王雅芳：《石河子市绿化适生树种的防尘作用研究》［J］，《干旱环境监测》2002年第2期。

[90] 刘燕：《园林花卉学》[M]，中国林业出版社，2003。

[91] 刘智能、周鹏、姚霞珍等：《西藏林芝地区木本园林植物引种研究》[J]，《四川农业大学学报》2005年第2期。

[92] 鲁敏、李英杰、鲁金鹏：《绿化树种对大气污染物吸收净化能力的研究》[J]，《城市环境与城市生态》2002年第2期。

[93] 鲁敏、李英杰：《部分园林植物对大气污染物吸收净化能力的研究》[J]，《山东建筑工程学院学报》2002年第2期。

[94] 罗宁：《室内观叶植物景观设计——基础、原理与方法》[D]，北京林业大学硕士学位论文，1992。

[95] 罗锅：《园林植物栽培与养护》[M]，重庆大学出版社，2006。

[96] 洛加才让：《藏族生态伦理文化初探》[J]，《西北民族学院学报（哲学社会科学版）》2002年第5期。

[97] 马锦义：《论城市绿地系统的组成和分类》[J]，《中国园林》2002年第1期。

[98] 马玲、赵平、饶兴权等：《乔木蒸腾作用的主要测定方法》[J]，《生态学杂志》2005年第1期。

[99] 马秀枝、李长生、陈高娃等：《校园内行道树不同树种降温增湿效应研究》[J]，《内蒙古农业大学学报（自然科学版）》2011年第1期。

[100] 毛文永：《资源环境常用数据手册》[M]，中国科学技术出版社，1992。

[101] 美国职业安全和健康协会（NIOSH）：《需要许可制度的密闭空间》[S]，OSHA 29CFR 1910. 146，1993。

[102] 南京市环保所：《城市绿化减少空气含菌量效应的初步观察》[J]，《南林科技》1976年第2期。

[103] 欧阳志云、王如松、赵景柱：《生态系统服务功能及其生态经济价值评价》[J]，《应用生态学报》1999年第5期。

[104] 潘保田、李吉均：《青藏高原——全球气候变化的驱动机与放大器》[J]，《兰州大学学报（自然科学版）》1996年第1期。

[105] 潘锦旭、邢震、郑维列：《西藏卓巴百合组织培养技术研究》

[J]，《中国生态农业学报》2002 年第 2 期。

[106] 潘瑞炽：《植物生理学》[M]，高等教育出版社，2004。

[107] 齐淑艳、徐文铎：《沈阳常见绿化树种滞尘能力的研究》[J]，见《城市森林研究进展》[C]，中国林业出版社，2002。

[108] 钱培德：《中文 Visual Basic 6.0》[M]，清华大学出版社，1998。

[109] 秦俊、王丽勉、胡永红等：《上海居住区植物群落的降温增湿效应》[J]，《生态与农村环境学报》2009 年第 1 期。

[110] 邱国金：《园林树木》[M]，中国林业出版社，2005。

[111] 曲俏：《拉萨市庭院美化树种独秀——江南槐》[J]，《西藏农业科技》2004 年第 2 期。

[112] 《日喀则地区林业生态建设情况政府报告》[R]，2002。

[113] 《日喀则地区林业生态建设情况政府报告》[R]，2005。

[114] 苏雪痕：《建筑内外植物的造景作用》[J]，《中国园林》1989 年第 1 期。

[115] 苏雪痕：《园林植物耐阴性及其配置》[J]，《北京林业大学学报》1981 年第 6 期。

[116] 苏雪痕：《植物造景》[M]，中国林业出版社，1994。

[117] 苏迅帆、张永青：《西藏野生金脉鸢尾无土栽培技术初探》[J]，《陕西农业科学》2006 年第 1 期。

[118] 孙鸿烈：《青藏高原形成演化与发展》[M]，广东科技出版社，1998。

[119] 索朗旺堆、何周德：《扎囊县文物志》[M]，西藏自治区文物管理委员会，1986。

[120] 只木良也著《人与森林——森林调节环境的作用》[M]，唐广义等译，中国林业出版社，1992。

[121] 唐学山、李雄、曹礼昆：《园林设计》[M]，中国林业出版社，1996。

[122] 田如男、祝遵凌：《园林树木栽培学》[M]，东南大学出版社，2000。

[123] 田兴军、张慧仁、张立新：《江苏植物资源信息系统》[J]，《植

物研究》2002 年第 1 期。

[124] 土呷：《昌都地区建筑发展小史》[J]，《中国藏学》2003 年第 1 期。

[125] 土艳丽、央金卓嘎：《大果圆柏的种子繁殖》[J]，《西藏科技》2003 年第 12 期。

[126] 汪永平、李伟娅：《藏式建筑与园林艺术的杰作——罗布林卡》[J]，《南京工业大学学报（社会科学版）》2002 年第 1 期。

[127] 王安志、裴铁璠：《森林蒸散测算方法研究进展与展望》[J]，《应用生态学报》2001 年第 6 期。

[128] 王波、周波、贺贵详：《从原生性街区走向可持续发展——西藏山南地区"康珠特色街"的城市复兴》[J]，《规划师》2004 年第 9 期。

[129] 王得祥、刘建军、王翼龙等：《四种城区绿化树种生理特性比较研究》[J]，《西北林学院学报》2002 年第 3 期。

[130] 王建林、胡书银、王中奎：《西藏光核桃与栽培桃光合特性比较研究》[J]，《园艺学报》1997 年第 2 期。

[131] 王蕾、哈斯、刘连友等：《北京市六种针叶树叶面附着颗粒物的理化特征》[J]，《应用生态学报》2007 年第 3 期。

[132] 王钦：《公路绿化带降噪特性和防护方法研究》[D]，东南大学硕士学位论文，2005。

[133] 王清华、叶桂梅、段春华等：《山东省高速公路路侧绿化带的减噪效果研究》[J]，《山东林业科技》2008 年第 3 期。

[134] 王晓俊：《风景园林设计》[M]，江苏科学技术出版社，1999。

[135] 王雁：《北京市主要园林植物耐阴性及其应用的研究》[D]，北京林业大学博士学位论文，1996。

[136] 王赞红、李纪标：《城市街道常绿灌木植物叶片滞尘能力及滞尘颗粒物形态》[J]，《生态环境》2006 年第 2 期。

[137] 旺堆：《为古城披上绿装——访拉萨市园林局长曹桂荣》[J]，《中国西藏》2006 年第 3 期。

[138] 吴征镒：《西藏植物志（第 1～5 卷）》[M]，科学出版社，1986。

[139] 西藏农牧学院植物编写组：《西藏东南部主要种子植物属种检索》（复印资料），2011。

[140] 西藏自治区测绘局：《西藏自治区地图册》，中国地图出版社，2004。

[141] 西藏自治区概况编写组：《西藏自治区概况》［M］，西藏人民出版社，1984。

[142] 西藏自治区环境保护厅：《2007年西藏自治区环境状况公报》［R］，2008。

[143] 西藏自治区环境保护厅：《2008年西藏自治区环境状况公报》［R］，2009。

[144] 西藏自治区环境保护厅：《2009年西藏自治区环境状况公报》［R］，2010。

[145] 西藏自治区环境保护厅：《2010年西藏自治区环境状况公报》［R］，2011。

[146] 西藏自治区环境保护厅：《2011年西藏自治区环境状况公报》［R］，2012。

[147] 西藏自治区林业厅：《西藏林业工作手册》［M］，中国林业出版社，2012。

[148] 西藏自治区气象局：《西藏自治区地面气候资料》，1985。

[149] 西藏自治区统计局：《西藏经济统计年鉴》［Z］，中国统计出版社，2004、2005、2012。

[150] 西藏自治区志编纂委员会：《西藏自治区志·城乡建设志》［M］，中国藏学出版社，2011。

[151] 谢高地、鲁春霞、冷允法等：《青藏高原生态资产的价值评估》［J］，《自然资源学报》2003年第2期。

[152] 谢高地、鲁春霞、肖玉等：《青藏高原高寒草地生态系统服务价值评估》［J］，《山地学报》2003年第1期。

[153] 新华网：《拉萨市成为西藏首个园林城市》，http://news.xinhuanet.com/photo/2009-04/22/content_11237448.htm，2009。

[154] 邢震、王文奎、欧珠等：《西藏林芝地区引种栽培木本观赏植物研究初报》[J]，《江苏林业科技》2002 年第 5 期。

[155] 邢震、郑维列、潘锦旭等：《蓝玉簪龙胆茎段的组织培养技术》[J]，《东北林业大学学报》2000 年第 6 期。

[156] 邢震、郑维列：《多蕊金丝桃的组织培养》[J]，《江苏农业研究》2000 年第 1 期。

[157] 邢震：《西藏色季拉山野生观赏植物资源调查研究》[D]，北京林业大学硕士学位论文，2007。

[158] 熊济华：《观赏树木学》[M]，中国农业出版社，1996。

[159] 徐凤翔、郑维列：《西藏野生花卉》[M]，中国旅游出版社，1999。

[160] 徐坤：《宁夏野生食用植物资源的调查与信息数据库的建立》[J]，《中国野生植物资源》2009 年第 4 期。

[161] 徐胜祥、徐运清：《基于 Web 的种子植物分科检索系统的设计与实现》[J]，《计算机应用研究》2007 年第 11 期。

[162] 徐颂军：《抗污染植物和污染指示植物》[J]，《生态科学》1991 年第 1 期。

[163] 徐妍、臧绍刚：《野生植物资源信息检索数据库的建立和使用》[J]，《山地农业生物学报》2000 年第 6 期。

[164] 徐子麒、周波、王荔希：《城市地域文化的延续与复兴——西藏山南地区泽当镇"藏源民俗村"城市设计探讨》[J]，《四川建筑科学研究》2010 年第 5 期。

[165] 徐宗威：《西藏城市特色之我见》[J]，《中国西藏》2003 年第 6 期。

[166] 许学强、周一星、宁越敏：《城市地理学》[M]，高等教育出版社，1997。

[167] 薛达元：《生物多样性经济价值评估——长白山自然保护区案例研究》[M]，中国环境科学出版社，1997。

[168] 薛福连：《抗废气污染的花木花卉》[J]，《花卉》2004 年第 10 期。

[169] 杨士弘:《城市绿化树木碳氧平衡效应研究》[J],《城市生态与城市环境》1996 年第 1 期。

[170] 杨小林、尼玛江措:《拉萨市林业可持续发展对策探讨》[J],《北京林业大学学报》2002 年第 4 期。

[171] 杨小林、周进、多琼:《喜马拉雅红豆杉不同类型插条的扦插试验》[J],《西藏科技》2001 年第 3 期。

[172] 杨玉想、王美娟、高雪艳:《可抗空气污染的花卉》[J],《花卉》2005 年第 9 期。

[173] 洋滔:《林芝民居》[J],《小城镇建设》2002 年第 8 期。

[174] L. 理查德著《森林小气候学》[M],姚启润译,气象出版社,1985。

[175] 姚成、许志鸿:《沪杭高速公路上海段降噪绿化带的设计和应用》[J],《华东公路》1995 年第 5 期。

[176] 叶功富:《厦门市行道绿化树种凤凰木的调查研究》[J],《林业科学研究》2002 年第 3 期。

[177] 禹海群:《深圳市常见园林植物生态效益指标评价研究》[D],中山大学硕士学位论文,2007。

[178] 张春林、韩金华、常伯春:《环境噪音的防治与减弱》[J],《山西建筑》2007 年第 17 期。

[179] 张翠叶:《西藏"一江两河"干旱半干旱地区造林林种和树种的选择》[J],《西藏科技》2005 年第 2 期。

[180] 张光智等:《北京及周边地区城市尺度热岛特征及其演变》[J],《应用气象学报》2002 年第 S1 期。

[181] 张明丽、胡永红、秦俊:《城市植物群落的减噪效果分析》[J],《植物资源与环境学报》2006 年第 2 期。

[182] 张强、王刚:《西藏园林苗圃调查报告》[J],《西藏大学学报》2003 年第 1 期。

[183] 张庆费、夏檑、钱又宇:《城市绿化植物耐阴性的诊断指标体系及其应用》[J],《中国园林》2000 年第 6 期。

[184] 张婷、吴天俊、吴瑞琪:《高海拔地区机乘人员脂肪肝患病情况分

析》［J］,《青海医药杂志》2008 年第 1 期。

［185］张新献、古润泽、陈自新:《北京城市居住区绿地的滞尘效益》
［J］,《北京林业大学学报》1997 年第 4 期。

［186］张学增、刘国苹、张玉谦:《花卉抗室内空气污染的开发与利用》
［J］,《河北林业科技》2009 年第 4 期。

［187］张镱锂、李秀彬、傅小锋等:《拉萨城市用地变化分析》［J］,
《地理学报》2000 年第 4 期。

［188］张志东、赵义廷:《拉萨市外围环城绿化带工程建设探讨》［J］,
《林业资源管理》2002 年第 4 期。

［189］张志良、瞿伟菁:《植物生理学实验指导》(第三版)［M］,高等
教育出版社,2003。

［190］张志强、徐中民、程国栋:《条件价值评估法的发展与应用》
［J］,《地球科学进展》2003 年第 3 期。

［191］张志强、徐中民、程国栋:《生态系统服务与自然资本价值评估研
究进展》［A］,见《生物多样性保护与区域可持续发展——第四
届全国生物多样性保护与持续利用研讨会论文集》［C］,2000,
第 226~244 页。

［192］赵军、刘琳、李霞:《基于 RS 与 GIS 的半干旱区城市绿化三维量
测算研究——以兰州市安宁区为例》［J］,《地理与地理信息科
学》2007 年第 4 期。

［193］赵能、刘军:《西藏的杨柳科树木》［J］,《四川林业科技》2001
年第 4 期。

［194］赵勇、陈志林、吴明作:《平顶山矿区绿地对大气 SO_2 净化效应研
究》［J］,《河南农业大学学报》2002 年第 1 期。

［195］赵勇、李树人、阎志平:《城市绿地的滞尘效应及评价方法》
［J］,《华中农业大学学报》2002 年第 16 期。

［196］中国国家环境保护部、中国科学院:《全国生态功能区划》［R］,
2008。

［197］中国国家林业局:《森林生态系统服务功能评估规范 LY/T1721 -
2008》［S］,中国标准出版社,2008。

［198］中国科学院昆明植物研究所：《中国植物物种信息数据库》，http：//db. kib. ac. cn/eflora/Default. aspx，2007。

［199］中国科学院青藏高原综合科学考察队：《西藏森林》［M］，科学出版社，1985。

［200］中国科学院青藏高原综合科学考察队：《西藏土壤》［M］，科学出版社，1985。

［201］中国科学院青藏高原综合科学考察队：《西藏植被》［M］，科学出版社，1988。

［202］中国科学院植物研究所：《中国高等植物科属检索表》［M］，科学出版社，1979。

［203］中国科学院中国植物志编辑委员会：《中国植物志（第 1 ~ 80卷）》［M］，科学出版社，1959 ~ 2004。

［204］中国植物科学研究所：《中国高等植物图鉴》［J］，科学出版社，1985。

［205］中华人民共和国国家环境保护局：《环境空气质量标准 GB3095 - 1996》［S］，1996。

［206］中华人民共和国国家林业局：《第三次中国荒漠化和沙化状况公报》［R］，2005。

［207］中华人民共和国国家林业局：《第四次荒漠化和沙化监测成果通过评审》，http：//www. forestry. gov. cn，http：//tibet. news. cn. 2010。

［208］中华人民共和国国家统计局：《2010 年第六次全国人口普查主要数据公报（第 2 号）》［R］，2011。

［209］中华人民共和国国家质量监督检验检疫总局、卫生部、国家环境保护总局：《室内空气质量标准 GB/T18883 - 2002》［S］，2002。

［210］中华人民共和国国家质量监督检验检疫总局、中国国家标准化管理委员会：《公共场所照度测定方法 GB/T18204. 21 - 2000》［S］，2000。

［211］中华人民共和国国务院新闻办公室：《西藏的生态建设与环境保护》（白皮书）［M］，2003。

［212］中华人民共和国环境保护部：《声环境质量标准 GB 3096 – 2008》［S］，2008。

［213］中华人民共和国建设部：《城市绿地分类标准 CJJ/T85 – 2002》［S］，2002。

［214］中华人民共和国建设部：《城市绿线管理办法》［S］，2002。

［215］中华人民共和国建设部：《国家园林县城标准》［S］，2006。

［216］中华人民共和国主席令第七十七号：《中华人民共和国环境噪声污染防治法》［S］，1996。

［217］中华人民共和国住房和城乡建设部：《城市用地分类与规划建设用地标准（GB50137 – 2011）》［S］，2011。

［218］中华人民共和国住房和城乡建设部：《国家园林城市标准》［S］，2010。

［219］中华人民共和国住房和城乡建设部：《国家园林城镇标准（建城［2012］148 号）》［S］，2012。

［220］中华人民共和国住房和城乡建设部：《民用建筑工程室内环境污染控制规范 GB50325 – 2010》［S］，2010。

［221］中普琼、鲍隆友：《西藏野生卷丹生物学特性及其栽培技术研究》［J］，《中国林副特产》2003 年第 1 期。

［222］钟祥浩、王小丹、刘淑珍等：《西藏高原生态安全》［M］，科学出版社，2008。

［223］周坚华、孙天纵：《三维绿色生物量的遥感模式研究与绿化环境效益估算》［J］，《环境遥感》1995 年第 3 期。

［224］周坚华：《城市绿量测算模式及信息系统》［J］，《地理学报》2001 年第 1 期。

［225］周进、鲍隆友、刘玉军：《西藏八角莲生物学特性及栽培技术简介》［J］，《西藏科技》2004 年第 11 期。

［226］周敬宣、丁亚超、李恒等：《林带对交通噪声衰减效果研究及公路防噪林带设计》［J］，《环境工程》2005 年第 2 期。

［227］周廷刚、罗红霞、郭达志：《基于遥感影像的城市空间三维绿量（绿化三维量）定量研究》［J］，《生态学报》2005 年第 3 期。

［228］周维权：《中国古典园林史》［M］，清华大学出版社，1993。

［229］周晓炜、亢秀萍：《几种校园绿化植物滞尘能力研究》［J］，《安徽农业科学》2008 年第 24 期。

［230］周一凡、周坚华：《绿量快速测算模式》［J］，《生态学报》2006 年第 12 期。

［231］宗浩、王成善、黄川友等：《西藏拉萨市拉鲁湿地的生态特征与退化机理的探讨》［J］，《西南民族大学学报（自然科学版）》2005 年第 1 期。

［232］American Society for Testing and Materials. Manual on the Use of Thermocouples in Temperature Measurement ［M］. 1981, philadephlia, ASTM Special Technical Pulication.

［233］Department of Horticulture of Oregon State University. Woody Plant Identification System. http：//oregonstate. edu/dept/ldplants/plant_ident/. 2011.

［234］Gretchen C. Daily. Nature's Service：Societal Dependence on Natural Ecosystem ［M］. Washington, DC：Island Press, c1997.

［235］H. Leith. Modeling the primary productivity of the world ［A］. 见：Primary Productivity of the Biosphere（Ecological Studies Volume 14）［C］, New York：Springer Verlag, 1975：237 – 263.

［236］International Organization for Plant Information. IOPI Database of Plant Databases. http：//plantnet. rbgsyd. nsw. gov. au/iopi/iopihome. htm. 2011.

［237］LI – COR. LI – 6400 Portable Photosynthesis System Primer ［M］. Lincoling, Nebraska, U. S. A., 1995.

［238］McPherson E. Gregory. Structure and sustainability of Sacramento's Urban Forestry ［J］. *Journal of Arboriculture*, 1998, 24（2）, 174 – 189.

［239］Nowak D. J. Urban forest structure：The state of Chicago's urban forest ［M］. Northeastern Forest Experiment Station, General Technical Report NE – 186. DC：US – USDA, 1994.

［240］Nowak, D. J. Atmospheric Carbon Dioxide Reduction by Chicago

Urban Forest [M]. 1994.

[241] Nowak, D. J. Compensatory value of urban forest in the United States [J]. *Journal of Arboriculture*, 2002, 28 (4) 194 – 200.

[242] R. Constanza, R. Arge, R. Groot, et. al. The value of the world's ecosystem services and natural capital [J]. *Nature*, 1997, Vol. 338: 253 – 260.

[243] United States Department of Agriculture. USDA-NRCS Plants Database. http://plants. usda. gov. 2011.

[244] Zong Hao, Huang Chuan-you. Research on a comprehensive evaluation of the Lhalu wetlands nature conservation area [M]. International Workshop 2000 For Lhalu Wetland Sustainable Management, Lhasa, Tibet, China 2000.

附　图

拉萨绿地

拉萨全景

八一镇福建园

八一镇全景

泽当镇绿地

泽当镇绿地

日喀则市绿地

日喀则市全景

昌都镇绿地

昌都镇全景

后 记

参加工作以来，我一直致力于西藏城镇园林绿地研究与建设，在良师益友的帮助下，先后参与了拉萨、日喀则、林芝、昌都、山南等地区的城镇绿地建设，面对逐步改善的西藏城镇环境条件，心中充满了喜悦。尽管当前西藏城镇园林化水平还比较低，但毫无疑问，已经建成的城镇园林绿地确实改善了西藏城镇的生态环境条件。然而，已建成绿地是否符合西藏城镇的生态要求？是否体现了西藏城镇的地域特点？各城镇园林绿地的需求量是多少及其关键制约因素是什么？这些问题一直困扰着西藏城镇园林建设，需要进行必要的研究。国家社会科学基金特别委托项目对"西藏园林植物生态环境效益定量研究"课题的经费支持（项目编号 A09036），是探究这些问题的经济基础。

项目研究过程中，按照项目计划书的拟定目标，我们对西藏主要城镇绿地进行了踏查，并进行了主要园林植物生态效益的测定。但随着研究的深入，发现需要面对的问题越来越多。为此，也促进了自己对新知识的不断汲取：为推进西藏园林植物应用的标准化进程，我们系统学习了 Visual Basic、Access 等程序软件，自主开发了西藏园林植物资源数据库检索系统；为体现地方特色，项目组拓展了资源调查范围，对西藏丰富的野生观赏植物资源进行了调查，并进行了西藏野生植物的优先开发序研究；为合理建设绿地，项目组开展了西藏各城镇绿地需求量研究，等等。不断学习、持之以恒地开展研究，使项目组认识了西藏园林绿地建设的现状与发展要求，充实了自己，也为西藏园林绿地建设提出了指导意见。

书文成稿，并非一人之力。在此，我衷心感谢大家的鼎力支持：首先感谢北京林业大学张启翔教授、潘会堂教授,中国林业科学研究院郭泉水研究员以及西藏大学农牧学院郑维列教授、刘灏副教授的悉心指导;必须感谢的是西藏高原生态所郭其强老师,西藏大学农牧学院远程教育中心韩存梅老师,西藏自治区林业厅副厅长索朗旺堆,西藏自治区林业勘察设计院边巴多吉副研究员、陆红彬、薛辉,西藏自治区林木科学研究院副院长普布次仁,没有大家的支持帮助,本项研究难以进行。同时,参与本项目研究的同学们也付出了自己的心血,他(她)们是:旦巴桑布、永青卓嘎、卓嘎曲措、普布玉珍、旦增尼玛、边巴玉珍、边仓、阿旺公嘎、宋记芸、泽旺措姆、珍珠、赖信舟、才西永青等。当然,在研究过程中,项目组成员姚霞珍、苏迅帆、周鹏、李文凤、刘智能、桑利群、周进等也付出了辛勤的劳动。

后期修订是一项细致的工作。社会科学文献出版社编辑为本书付出了很多。审稿过程中,责编老师逐字逐句进行了严谨的审核,并提出了一系列宝贵的意见,使文稿得以进一步完善。同时,对后期修订中付出辛劳的赵久华、马景锐、王义凤、汪彩霞、邓杰等五位硕士研究生表示感谢。当然,2014年的驻村工作使我进一步认识了西藏城镇园林绿化的必要性,也为我能够完成全文的修订提供了条件,并对驻村队友尼玛次仁、冯西博、陈超表示感谢。

在本书付梓之际,心情忐忑:既为多年的努力即将公诸于世而高兴,也担心自己学术水平和能力有限而贻笑大方。但无论如何,已经迈出了西藏园林植物生态效益定量研究的第一步,诚意抛砖引玉,引起大家的共同关注。因此,我真诚地欢迎各位读者提出任何意见和建议,错误之处敬请大家批评指正,以便在后期的研究中加以改进和修正,使本项研究成果为提高西藏城镇园林绿化建设水平做出贡献。

邢 震

2014 年 4 月

于米林县羌纳乡羌渡岗村

图书在版编目（CIP）数据

西藏园林植物生态环境效益定量研究/邢震著.—北京：社会科学
文献出版社，2014.9
（西藏历史与现状综合研究项目）
ISBN 978 - 7 - 5097 - 6302 - 5

Ⅰ.①西…　Ⅱ.①邢…　Ⅲ.①园林植物 - 生态环境 - 生态效应 -
研究 - 西藏　Ⅳ.①S688.01

中国版本图书馆 CIP 数据核字（2014）第 171511 号

· 西藏历史与现状综合研究项目 ·
西藏园林植物生态环境效益定量研究

著　　者 / 邢　震

出 版 人 / 谢寿光
项目统筹 / 宋月华　袁清湘
责任编辑 / 孙以年

出　　版 / 社会科学文献出版社 · 人文分社（010）59367215
　　　　　　地址：北京市北三环中路甲 29 号院华龙大厦　邮编：100029
　　　　　　网址：www.ssap.com.cn
发　　行 / 市场营销中心（010）59367081　59367090
　　　　　　读者服务中心（010）59367028
印　　装 / 三河市尚艺印装有限公司

规　　格 / 开　本：787mm × 1092mm　1/16
　　　　　　印　张：15　字　数：227 千字
版　　次 / 2014 年 9 月第 1 版　2014 年 9 月第 1 次印刷
书　　号 / ISBN 978 - 7 - 5097 - 6302 - 5
定　　价 / 69.00 元